中高职衔接一体化规划教材

电气控制与PLC实用技术教程

何　军　谢大川　主　编

杨立林　董国军　主　审

電子工業出版社

Publishing House of Electronics Industry

北京·BEIJING

内 容 简 介

本书依托四川省教育体制改革试点项目“构建终身教育体系与人才培养立交桥，全面提升职业院校社会服务能力”，以中高职衔接为着力点，以构建人才培养立交桥为目标，积极探索现代职教体系建设，全面研究和探索职业教育的规范化、系统化、科学化。在应用电子技术中高职衔接人才培养的指导下，对接国家职业标准和行业技术标准，按照“任务驱动、学做结合、能力为本”原则编写，突出知识的针对性和技能的实用性。

本书共有十一个学习项目，三十八个学习任务，十一个技能训练。主要内容包括：选用低压开关、选用低压熔断器、选用交流接触器与继电器、应用主令电器、三相异步电动机启停控制、异步电动机制动控制、异步电动机条件控制、异步电动机调速控制、电动机直接启动的 PLC 输入与输出接线、编制电动机直接启动控制程序、电动机直接启动 PLC 控制装置安装与维护等。

本书体例新颖，简明扼要，突出能力。“学习指南”引导学生采用合理的学习方法，“想一想”是对相应学习任务的提升和拓展，按工作实际需要选取知识点和技能点，能力测试点主要服务于专业能力的要求。

本书图文并茂，具有很强的实用价值，可作为中职和中高职衔接应用电子技术专业教材和相关专业的教学用书或技能培训用书，也可供相关领域的工程技术人员参考使用。

图书在版编目（CIP）数据

电气控制与 PLC 实用技术教程 / 何军，谢大川主编. —北京：电子工业出版社，2017.1

ISBN 978-7-121-29578-2

Ⅰ. ①电… Ⅱ. ①何… ②谢… Ⅲ. ①电气控制—高等学校—教材②PLC 技术—高等学校—教材
Ⅳ. ①TM571.2②TM571.6

中国版本图书馆 CIP 数据核字（2016）第 247649 号

策划编辑：王昭松
责任编辑：郝黎明
印　　刷：北京七彩京通数码快印有限公司
装　　订：北京七彩京通数码快印有限公司
出版发行：电子工业出版社
　　　　　北京市海淀区万寿路 173 信箱　邮编　100036
开　　本：787×1 092　1/16　印张：10.75　字数：275.2 千字
版　　次：2017 年 1 月第 1 版
印　　次：2023 年 7 月第 3 次印刷
定　　价：32.00 元

凡所购买电子工业出版社图书有缺损问题，请向购买书店调换。若书店售缺，请与本社发行部联系，联系及邮购电话：（010）88254888，88258888。

质量投诉请发邮件至 zlts@phei.com.cn，盗版侵权举报请发邮件至 dbqq@phei.com.cn。

本书咨询联系方式：（010）88254015。

序

自2010年国家在《中长期教育改革和发展规划纲要（2010—2020）》中明确将中等和高等职业教育协调发展作为建设现代职业教育体系的重要任务之后，党和国家一直高度重视现代职教体系的建立工作。党的十八大吹响了“加快发展现代职业教育”的进军号角，国务院做出了《关于加快发展现代职业教育的决定》，明确提出了“到2020年，形成适应发展需求、产教深度融合、中职高职衔接、职业教育与普通教育相互沟通，体现终身教育理念，具有中国特色、世界水平的现代职业教育体系”的目标任务。教育部为此先后制发了《关于推进中等和高等职业教育协调发展的指导意见》、《高等职业教育创新行动计划》等一系列重要文件，为中高职衔接、现代职教体系建设制定了任务书、时间表和路线图，做出了明确的部署要求。因此，走中高职衔接一体化办学之路，构建现代职业教育体系，既是党和国家的大政方针政策，又是时代社会发展的必然要求，更是广大人民群众的热切期盼和职业教育发展的必然趋势。

为了满足适应上述要求，四川职业技术学院于2011年申报获准了“构建终身教育体系与人才培养立交桥，全面提升职业院校社会服务能力”的四川省教育体制改革试点项目，以消除各自为阵、重复交叉培养培训、打混仗、搞抵耗、目标方向不明、质量不高、效益不好、恶性循环竞争等诸多弊端，构建终身学习教育体系和职业教育立交桥，构建职业院校社会服务体系，提升社会服务能力为目的，先后在应用电子技术、数控技术两个重点建设专业和遂宁市三县两区的五所国家或省级示范、重点职高中开展从人才培养方案到课程、教材、队伍、基地建设，实训实习、教育教学环节过程管理、考试考核、质量监控测评、招生就业等十余个环节，从中职到高职专科、本科的立体化全方位衔接，中高职院校一起来整体打造、分段实施，在取得区域试点经验的基础上逐步拓展扩大，积极稳妥地推进试点工作。由于地方教育行政主管部门的高度重视，合作院校的默契配合与共同努力，整个项目成效显著、顺利推进，于2014年的省级评审中得到专家和领导们的充分肯定与一致好评，成为了8个顺利转段的项目之一，并于2014年10月开始了“基于终身教育背景下的现代职业教育体系建设”的新一阶段改革试点工作，继续以一体化办学为模式，以构建现代职教体系为目标，以开办中高职衔接一体化试点班为载体，将试点范围扩大到了社会需求旺盛的8个专业和包括广巴甘凉等老少边穷地区在内的十余个市州的近30所学校，共3000多名学生，呈现出蓬勃向上的良好发展势头，进一步巩固扩大了试点成果和效应，正向着更高的目标奋力推进。

探索的实践使我们深切感受认识到，中高职衔接不是做样子、喊口号、走过场，也不是相互借光搞生源，更不是一时兴趣、追名逐利的功利之举，而是一种改革创新、一种教育体制机制改革、一种全新教育体系的建立，更是一场教育教学思想理念、人才培养模式、办学思路手法的大变革、大更新，必须首先更新意识观念，在教育行政主管部门、中高职院校领导和师生员工及家长中凝聚共识，统一思想和行动，必须从办学思想理念、人才培养方案、人才培养目标规格、思路做法、内容方式等涉及人才培养质量的现实的重大基本问题的研究解决做起，必须俯下身子，脚踏实地干，来不得半点虚妄和草率，教材建设就是这众多重点建设工作之一。

教材之所以重要，是因为教材是教人之材，是人才培养的基本依据和指南。教材编写的指导思想、思路做法、内容体例、难易程度，直接体现着教育教学改革的思想理念和相应成效，直接决定着教材与人才培养的质量，决定着教育教学改革的成败，决定着教材自身和教育教学改革的生命力。因此，教材编写殊非易事。教材编写很难，编写新教材更难，编写改革创新性的教材，特别是中职、高职专科、应用型本科三大层面的老师们汇聚一起，要打破各自为阵、不相往来的传统格局，以全新的理念思路和目标要求来编写中高职一体化整体打造、分段实施、适应特定需求的好教材更是难上加难。没有强烈的事业心、高度的责任感、巨大的勇气和改革创新精神，没有非凡的视野与胆识，没有高超的艺术与水平，没有高尚的情操和吃苦耐劳的品质，是很难担当胜任这一繁难、开创性的工作的。更何况中职、高职专科、本科院校强强联合组建编写团队的事情本身就是中高职衔接和现代职教体系建设的最佳体现。然而，我们的编者们，在主编的率领、大家的共同努力、相关方面的支持下，历时数载，召开了无数次研讨会，数易其稿，历尽艰辛地做到了，而且是高标准、严要求地做得很好，为中高职衔接、为现代职教体系的建立、为高素质高技能应用型人才的培养付出了艰辛的劳动，做出了巨大的贡献。值得欢呼、值得庆幸、值得赞赏！

这是一套开创性的系列教材，先期包括了应用电子技术、数控技术专业，是为最早试点的专业编写的，是破冰之举。一花迎来万花开，紧随其后将有逐步加入试点行列的其他专业的课程教材。纵观已经编出的 9 册蓝本，发现除去专业、行业特色难以尽述之外，尚有以下三个突出的特点：

一是满足岗位需求，贯通知识与技能。针对岗位需求，教材编写者调研、分析了中职、高职乃至应用型本科各段对应的典型工作任务、岗位能力需求，构建了应用电子技术、数控技术专业衔接一体化课程体系，以岗位能力需求为指引，按分段培养、能力递增、贯通衔接课程各段知识与技能的原则编撰而成，具有很强的针对性。

二是满足质量升学，贯通标准与测评。在理清典型岗位工作任务的基础上，编者们分别制定了中高职衔接课程标准和专业能力标准，并将知识点、技能点、测试点融入相应衔接教材中，全程贯通按课程标准一体化培养、按能力标准一体化测试，确保人才培养质量，实现质量升学要求，具有很强的科学性。

三是满足职业要求，贯通能力与素养。本套教材编入了大量实用的工作经验和常见的工作案例，引用了很多典型工作任务的解决方法和示例，以期实现在提高专业能力的同时，提升专业素养，适应从业要求，满足职业要求的目的，具有很强的实用性。

当然，这毕竟是一种开创性、探索性很强的工作，尽管价值意义和巨大成效不可低估，却仍然存在还没涵盖所有课程，还需要进一步升华提炼，也与众多新事物一样，尚需接受实践的检验，有待进一步优化和完善等问题。但瑕不掩瑜，作为中高职衔接的奠基之作，不失为一套值得肯定、赞赏、推广、借鉴的好教材。

是以为序。

四川职业技术学院党委书记　王金星
四川省教改试点项目组组长
2016 年　初夏

应用电子技术专业中高职衔接教材编写委员会

为了深入贯彻《国家中长期教育改革和发展规划纲要》、教育部《关于全面提高高等职业教育教学质量的若干意见》（教高〔2006〕16 号）、《高等职业教育“十二五”改革和发展规划》和《教育部、财政部关于进一步推进“国家示范性高等职业院校建设计划”实施工作的通知》（教高〔2010〕8 号）文件精神，深入开展中高职立交桥的试点探索工作，按照《构建终身教育体系与人才培养立交桥，全面提升职业院校社会服务能力》省级项目的建设方案，决定成立遂宁市应用电子技术专业中高职衔接教材编写委员会，负责组织和落实应用电子技术专业中高职教材编写工作。

一、编写原则

按示范建设的总体要求，教材编写必须把握以下原则：

1. 针对性

全面分析遂宁及成渝经济区电子企业的岗位能力要求，引入相应的技能标准，教材内容一定要满足遂宁及成渝经济区电子企业的知识要求，技能训练一定要针对遂宁及成渝经济区电子企业典型工作岗位技能要求。

2. 职业性

要体现电子行业的职业需求，体现电子行业的职业特点和特性。教材编写时，要设计教与学的过程中能融入专业素质、职业素质和能力素质的培养，将素质教育贯穿到教学的始终。

3. 科学性

教材的内容要反映事物的本质和规律，要求概念准确，观点正确，事实可信，数据可靠。对基本知识、基本技能的阐述求真尚实。要理论联系实际，注重理论在实践中的应用；要突出区域内电子企业的适用技术和技能；要满足学生从业要求。

4. 贯通性

中高职教材在知识体系上要有机衔接，分段提高；在技能目标上要夯实基本，分层提升；在职业素养、职业能力上要持续培养，和谐统一。原则上中职教材以中职教师为主，高职参与；高职教材以高职教师为主，中职参与；由中高职联合进行教材主审。

5. 可读性

用词准确，修辞得当，逻辑严密；文字精炼，通俗易懂，图文并茂，案例丰富，可读性强。

二、应用电子技术专业教材编写委员会

本科学校委员：

刘俊勇　四川大学电气信息学院院长　　　　教授、博导

刘汉奎　西华师范大学电子信息学院副院长　　教授

三、规划编写教材

1．中职规划教材

电工技术基础与技能训练	主　编：王长江　何　军
电子技术基础与技能训练	主　编：黄世瑜　李　茂
单片机技术基础与应用	主　编：刘　宸　蒋　辉
电子产品装配与调试	主　编：邓春林　唐　林
电热电动器具原理与维修	主　编：马云丰
电气控制与 PLC 实用技术教程	主　编：何　军　谢大川

2．高职规划教材

电路分析与实践	主　编：王长江　程　静
电子电路分析与实践	主　编：黄世瑜　李　茂
PLC 技术应用	主　编：郑　辉　蔡天强

四、支持企业

四川立泰电子科技有限公司

四川柏狮光电有限公司

四川南充三环电子有限公司

四川大雁电子科技有限公司

四川深北电路科技有限公司

四川雪莱特电子科技有限公司

应用电子技术专业中高职衔接教材编写委员会

前　言

国家《关于加快发展现代职业教育的决定》明确指出“到2020年，形成适应发展需求、产教深度融合、中高职衔接、职业教育与普通教育相互沟通，体现终身教育理念，具有中国特色、世界水平的现代职业教育体系”。本书是在四川省教育体制改革试点项目“构建终身教育体系与人才培养立交桥，全面提升职业院校社会服务能力”的引领下，依托“政行企校”深度合作，积极开展应用电子技术专业中高职衔接研究与探索，在试点的基础上组织中职、高职及企业合作编写的规划教材。

教育部为此先后制发了《关于推进中等和高等职业教育协调发展的指导意见》,《高等职业教育创新行动计划》等一系列重要文件，为中高职衔接、现代职教体系建设制订了任务书、时间表和路线图，做出了明确的部署要求。因此，走中高职衔接一体化办学之路，构建现代职业教育体系，既是党和国家的大政方针政策，又是时代社会发展的必然要求，更是广大人民群众的热切期盼和职业教育发展的必然趋势。

本书具有以下特点：

一体化设计课程内容，确保中高职教学衔接；

基础性与实用性结合，保证技能养成衔接；

对接职业和工作任务，教学做合一模式衔接；

突出考核和质量升学，实现能力体系衔接。

全书共有十一个学习项目，项目一由四川职业技术学院赵国华编写，项目二由安居高级职业中学周胜军编写，项目三由四川职业技术学院梁彦编写，项目四由遂宁市中等职业技术学校赵永富编写，项目五由四川职业技术学院何军编写，项目六由四川职业技术学院官泳华编写，项目七由四川职业技术学院王婷编写，项目八由船山职教中心蔡天强编写，项目九至项目十一由四川职业技术学院谢大川编写。

全书由四川职业技术学院教授何军、副教授谢大川担任主编，并负责全书的总体规划和定稿统稿工作，由四川职业技术学院杨立林副教授、射洪中等职业技术学校董国军高级讲师担任主审。

本书在编写过程中，得到了遂宁市教育局、遂宁市职业技术学校、四川省射洪县职业中专学校、四川省蓬溪县中等职业技术学校、四川省遂宁市安居职业高级中学、四川省大英县中等职业技术学校，以及四川立泰电子科技有限公司、四川柏狮光电有限公司、四川南充三环电子有限公司等教育主管部门、中职学校、电子企业的大力支持，并提出了宝贵的意见和建议，在此表示诚挚的谢意。本书在编写过程中查阅了大量的文献资料，谨向文献作者表示由衷的感谢。

由于编者水平有限，书中难免有错漏与不足之处，恳请读者批评指正。

编　者

2016年10月

目　录

项目一

低压开关选用

学习指南

低压开关一般为非自动切换电器，是最常用的用来分合电路、开断电流的电器。其主要作用是隔离、转换及接通和分断电路，多数用作机床的电源开关和局部照明电路的控制开关，也可直接控制小容量电动机的启动、停止和正反转，并起保护作用。随着科技的发展，新功能、新型号的开关电器正不断出现。

在学习低压开关电器时，主动回想生活中所使用的低压开关的作用、常见低压开关的形状和型号。通过拆装训练掌握内部结构和安装要求。对于最简单、最常用的低压开关电器，必须掌握选用原则，必须学会选用。

项目学习目标

任务	重点	难点	关键能力
拆装开启式负荷开关	1. 开启式负荷开关用途 2. 开启式负荷开关的结构及各部分作用 3. 开启式负荷开关的工作特点和图形符号 4. 开启式负荷开关常用型号	1. 开启式负荷开关的型号含义 2. 技术参数认识与理解	开启式负荷开关的安装和使用
认识封闭式负荷开关	1. 封闭式负荷开关用途和结构 2. 封闭式负荷开关图形符号 3. 封闭式负荷开关常用型号	1. 封闭式负荷开关的型号含义 2. 技术参数认识与理解	1. 封闭式负荷开关正确安装和使用 2. 对比开启式负荷开关，总结安装和使用异同
认识转换开关	1. 转换开关的用途和结构 2. 转换开关的图形符号 3. 转换开关常用型号	1. 转换开关型号含义 2. 技术参数认识与理解 3. 转换开关各组成部分作用	1. 依据原则选用转换开关 2. 转换开关正确安装与使用 3. 对比负荷开关与转换开关安装和使用异同
选用空气开关	1. 空气开关用途和分类 2. 空气开关工作原理和图形符号 3. 空气开关常用型号	1. 空气开关的型号含义 2. 技术参数的认识与理解	1. 能理解空气开关对电路的短路、过载及欠压等保护功能 2. 空气开关选用
选用低压开关	1. 低压开关分类 2. 熟悉常用低压开关种类	各种低压开关选用原则和方法	能依据实际需要选用低压开关

任务一　拆装开启式负荷开关

低压开关种类和型号很多，常用低压开关的主要种类和用途如表 1-1 所示。

表 1-1　低压开关的主要种类和用途

序　号	类　别	主 要 品 种	用　　途
1	低压开关	开启式负荷开关	主要用于电路的隔离，能分断规定负荷
2		封闭式负荷开关	主要用于电路的隔离，能分断规定负荷
3		转换开关	主要用于电源切换，也可用于负荷通断或电路的切换
4		空气开关	主要用于电路的过负荷、短路、欠电压、漏电压保护，也可用于不频繁接通和断开的电路

一、认识开启式负荷开关

开启式负荷开关又称瓷底胶盖刀开关，简称闸刀开关。按照刀数分为单极、双极和三极三种，生产中常用的是 HK 系列开启式负荷开关，如图 1-1 所示。

1. 作用

供手动不频繁地接通或分断电路，并起短路保护作用。适用于照明、电热设备及小容量电动机控制线路中。

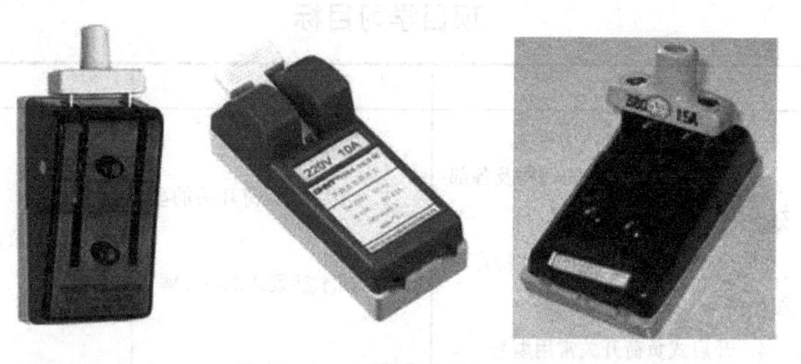

图 1-1　开启式负荷开关

2. 型号

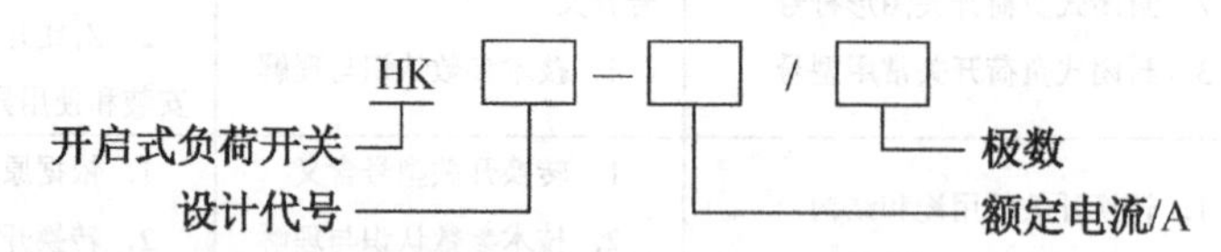

例如，HK1-30/2 表示设计序号为 1 的 2 级开启式负荷开关，额定电流为 30A。

3. 电气符号

如图 1-2 所示为开启式负荷开关的电气符号。从图中可以看出，电气设备的电气符号由图形和文字符号两部分构成。

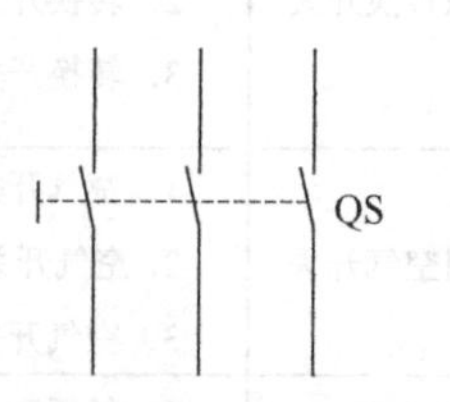

图 1-2　开启式负荷开关的电气符号

二、拆装开启式负荷开关

1．结构

将 HK 系列开启式负荷开关拆开后，可以发现它是由刀开关和熔断器组合而成。开关的瓷底座上装有进线座、静触头、熔体、出线座和带瓷质手柄的刀式动触头，上面盖有胶盖以防止操作时触及带电体或分断时产生的电弧飞出伤人，如图 1-3 所示。

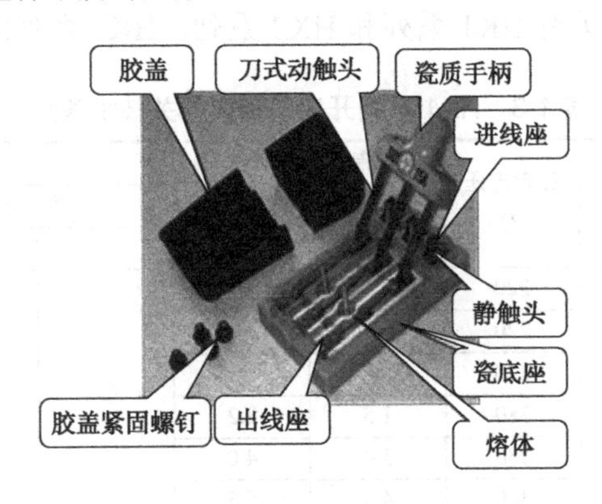

图 1-3　开启式负荷开关结构

2．拆装

开启式负荷开关结构较为简单，拆装也很容易。拆装前，认真观察刀开关的结构，按照结构进行拆装。将开关合闸，用万用表的电阻挡测量各对触点间的接触情况，再用兆欧表测量每两相触点间的绝缘电阻，并填写下表。

表 1-2　开启式负荷开关拆装记录表

<table>
<tr><td colspan="3">电器名称</td><td colspan="5"></td><td colspan="4">拆装时间</td><td colspan="3"></td></tr>
<tr><td colspan="3">型号</td><td colspan="5"></td><td colspan="4">极数</td><td colspan="3"></td></tr>
<tr><td colspan="15">触点接触电阻（Ω）</td></tr>
<tr><td colspan="5">L₁相</td><td colspan="5">L₂相</td><td colspan="5">L₃相</td></tr>
<tr><td colspan="5"></td><td colspan="5"></td><td colspan="5"></td></tr>
<tr><td colspan="15">相间绝缘电阻（MΩ）</td></tr>
<tr><td colspan="5">L₁～L₂</td><td colspan="5">L₂～L₃</td><td colspan="5">L₁～L₃</td></tr>
<tr><td colspan="5"></td><td colspan="5"></td><td colspan="5"></td></tr>
<tr><td colspan="3">拆卸顺序</td><td colspan="3">部件名称</td><td colspan="3">部件作用</td><td colspan="3">部件所用材料</td><td colspan="3">部件为何用这种材料</td></tr>
<tr><td colspan="3">1</td><td colspan="3"></td><td colspan="3"></td><td colspan="3"></td><td colspan="3"></td></tr>
<tr><td colspan="3">2</td><td colspan="3"></td><td colspan="3"></td><td colspan="3"></td><td colspan="3"></td></tr>
<tr><td colspan="3">3</td><td colspan="3"></td><td colspan="3"></td><td colspan="3"></td><td colspan="3"></td></tr>
<tr><td colspan="3">4</td><td colspan="3"></td><td colspan="3"></td><td colspan="3"></td><td colspan="3"></td></tr>
<tr><td colspan="3">5</td><td colspan="3"></td><td colspan="3"></td><td colspan="3"></td><td colspan="3"></td></tr>
</table>

三、安装要求

（1）垂直安装在控制屏或开关板上，且合闸状态时手柄应朝上。

（2）控制照明和电热负载使用时，要装接熔断器作短路保护和过载保护。

（3）开启式负荷开关用作电动机的控制开关时，应将开关的熔体部分用铜导线直连，并在出线端加熔断器作短路保护。

（4）由于开启式刀开关没有灭弧装置，其分断电流只能达到额定电流的 1/3。

四、技术参数

常用的开启式负荷开关有 HK1 系列和 HK2 系列，HK1 系列的主要技术参数见表 1-3。

表 1-3　HK1 系列开启式负荷开关技术参数

<table>
<tr><th rowspan="3">型号</th><th rowspan="3">极数</th><th rowspan="3">额定电流（A）</th><th rowspan="3">额定电压（V）</th><th colspan="2" rowspan="2">可控制电动机最大容量（kW）</th><th colspan="4">配用熔丝规格</th></tr>
<tr><th colspan="3">熔丝成分（%）</th><th rowspan="2">熔丝线径（mm）</th></tr>
<tr><th>—</th><th>—</th><th>铅</th><th>锡</th><th>锑</th></tr>
<tr><td>HK1-15</td><td>2</td><td>15</td><td>220</td><td>—</td><td>—</td><td rowspan="6">98</td><td rowspan="6">1</td><td rowspan="6">1</td><td>1.45～1.59</td></tr>
<tr><td>HK1-30</td><td>2</td><td>30</td><td>220</td><td>—</td><td>—</td><td>2.30～2.52</td></tr>
<tr><td>HK1-60</td><td>2</td><td>60</td><td>220</td><td>—</td><td>—</td><td>3.36～4.00</td></tr>
<tr><td>HK1-15</td><td>3</td><td>15</td><td>380</td><td>1.5</td><td>2.2</td><td>1.45～1.59</td></tr>
<tr><td>HK1-30</td><td>3</td><td>30</td><td>380</td><td>3.0</td><td>4.0</td><td>2.30～2.52</td></tr>
<tr><td>HK1-60</td><td>3</td><td>60</td><td>380</td><td>4.5</td><td>5.5</td><td>3.36～4.00</td></tr>
</table>

想一想

如何防止开启式负荷开关发生弧光短路故障？

为防止开启式负荷开关发生弧光短路故障，保障设备和人身的安全，首先应考虑开启式负荷开关的适用性；其次应做好使用过程中的检查和维护工作，并严格按照规程进行操作。具体地说，应注意以下几项。

（1）不得将开启式负荷开关用于它不能分断的电路。

（2）在运行前应检查其动作是否灵活，有无卡死现象。

（3）检查灭弧罩是否齐全、牢固，对无灭弧罩的开启式负荷开关应检查其胶盖是否盖好。

（4）仅用于隔离电源的开启式负荷开关，其操作顺序应按规定执行，不允许分断负荷电流。

（5）无灭弧罩的开启式负荷开关，一般不允许用来分断负荷。

（6）多极开启式负荷开关，应保证其各极动作的同步性和接触良好。

（7）发现灭弧罩有烧伤和碳化现象，应立即更换。

（8）无论开启式负荷开关是否装在箱内，都应经常保持开启式负荷开关各部分的清洁，避免因积聚灰尘和油污等而引起相间闪络或短路，造成弧光短路故障。

练一练

（1）开启式负荷开关安装时，瓷底应与地面垂直________，易于灭弧，不得________或倒装。倒装时手柄可能因自重落下而引起误合闸，危及人身和设备安全。

（2）开启式负荷开关操作时，应________分、合闸。

（3）开启式负荷开关电源进线，应接在________接线端子上。

（4）开启式负荷开关的极数由________决定。

任务二 认识封闭式负荷开关

一、作用与型号

封闭式负荷开关又称铁壳开关，其灭弧性能、操作性能、通断能力和安全防护性能都优于开启式负荷开关，它是一种手动开关电器，如图 1-4 所示。

1. 作用

不频繁地直接启动容量较小的电动机。

图 1-4 封闭式负荷开关

2. 型号

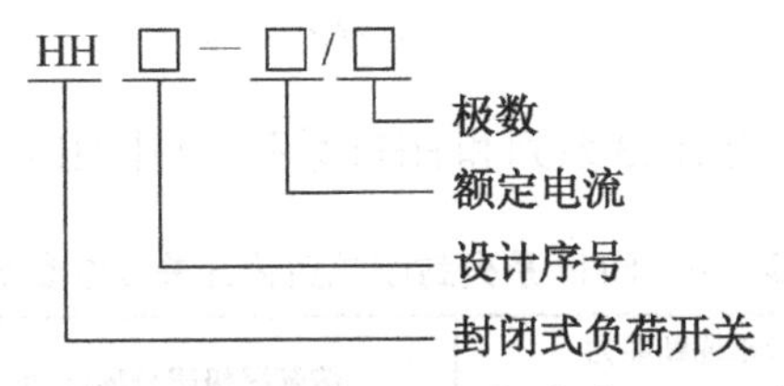

例如，HH4—100/3 表示设计序号为 4，额定电流为 100A 的 3 极封闭式负荷开关。

二、结构与电气符号

1. 结构

封闭式负荷开关由刀片、夹座、操作手柄、速断弹簧、熔断器等组成，如图 1-5 所示。

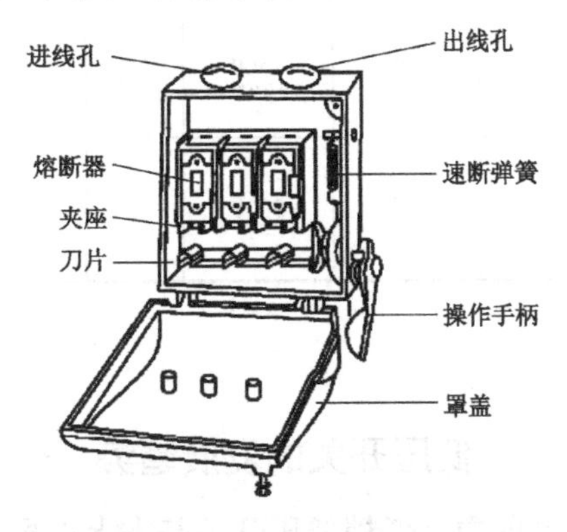

图 1-5 封闭式负荷开关结构

2. 电气符号

如图 1-6 所示为封闭式负荷开关的电气符号。

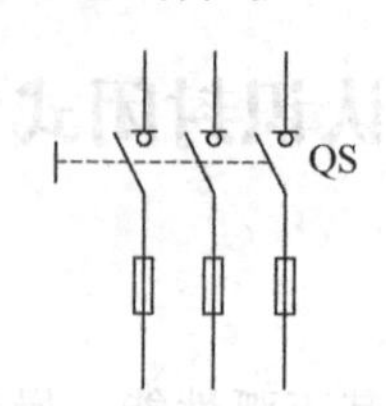

图 1-6　封闭式负荷开关电气符号

三、安装要求

（1）安装高度一般离地不低于 1.3m～1.5m，并且垂直安装。

（2）开关外壳的接地螺钉必须可靠接地。

（3）接线时，应将电源进线接在静夹座一边的接线端子上，负载引线接在熔断器一边的接线端子上，且进出线都必须穿过开关的进出线孔。

（4）分合闸操作时，要站在开关的手柄侧，不准面对开关，以免因意外故障电流使开关爆炸，铁壳飞出伤人。

（5）一般不用额定电流 100A 及以上的封闭式负荷开关控制较大容量的电动机，发免发生飞弧灼伤手事故。

四、技术参数

常用的封闭式负荷开关有 HH3 系列和 HH4 系列，其中 HH4 系列主要技术参数见表 1-4。

表 1-4　HH4 系列封闭式负荷开关技术参数

型号	额定电流（A）	刀开关极限通断能力（在 110%额定电压时）			熔断器极限分断能力			控制电动机最大功率（kW）	熔体额定电流（A）	熔体（紫铜丝）直径（mm）
		通断电流（A）	功率因数	通断次数（次）	分断电流（A）	功率因数	分断次数（次）			
HH-15/3Z	15	60	0.5	10	750	0.8	2	3.0	6	0.26
									10	0.35
									15	0.16
HH-30/3Z	30	120			1500	0.7		7.5	20	0.65
									25	0.71
									30	0.81
HH-60/3Z	60	240	0.4		3000	0.6		13	40	0.92
									50	1.07
									60	1.20

想一想

低压开关的发展趋势

从市场情况看，我国生产的中、低档低压开关基本上占据了国内绝大部分市场，但国

产高档低压开关除个别产品可与国外同类产品平分秋色外，其他国产高档低压开关国内市场占有率仍然很低。因此，国内低压开关企业必须加大科研与新产品研发投入，加大基础共性技术研究，但是新产品的开发也不应该是闭门造车，而应立足实际市场需求，立足用户的需求，为企业用户开发出符合他们实际需求的产品，这才能立于不败之地。

随着智能电网进入全面建设的重要阶段和我国城镇化建设的进一步推进，城乡配电网的智能化建设将全面拉开，智能电网及智能成套设备、智能配电、控制系统将迎来黄金发展期，这就对国内低压开关产品提出了智能化发展的要求。对于国内低压开关市场来说，这无疑是一次巨大的机遇，同时也是一次严峻的考验。

练一练

（1）封闭式负荷开关是由________、________、________、________、________组成。

（2）封闭式负荷开关对操作速度________要求。

（3）封闭式负荷开关外壳的接地螺钉必须可靠______。

（4）封闭式负荷开关不直接控制额定电流________及以上的电动机。

任务三　认识转换开关

一、作用与型号

转换开关又称组合开关，其特点是体积小，触头对数多，接线方式灵活，操作方便。常用的有 HZ5、HZ10、HZ12、HZ15 等系列。

1. 作用

转换开关在电气控制线路中，常被作为电源引入的开关，可以用它来直接启动或停止小功率电动机或使电动机正反转、倒顺等，局部照明电路也常用它来控制。

图 1-7　转换开关

2. 型号

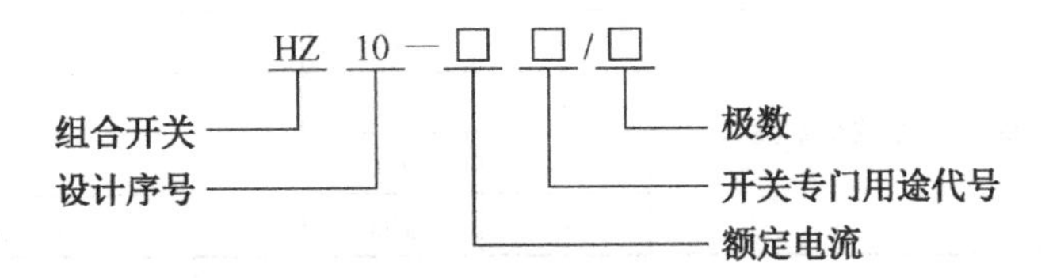

二、结构与电气符号

1. 结构

转换开关的结构如图 1-8 所示，由动触头、静触头、绝缘连杆转轴、手柄、定位机构及外壳等部分组成。

2. 电气符号

如图 1-9 所示为转换开关的电气符号。

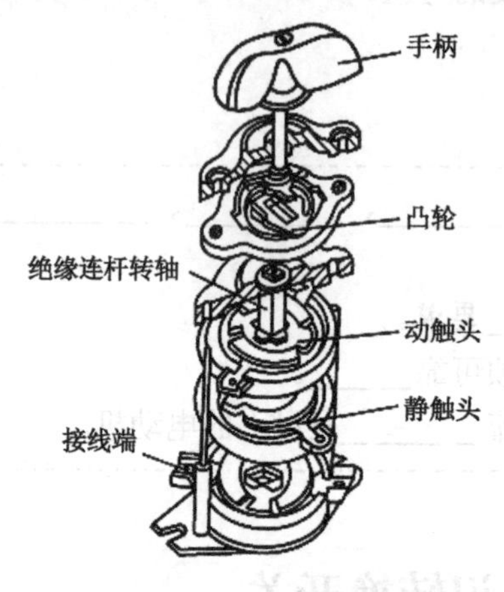

图 1-8　转换开关的结构

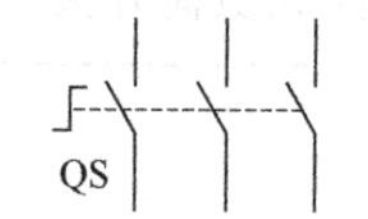

图 1-9　转换开关电气符号

三、安装要求

（1）HZ10 系列转换开关应安装在控制箱式壳体内，其操作手柄最好在控制箱的前面或侧面。开关为断开状态时，应使手柄在水平旋转位置。HZ3 系列转换开关外壳上的接地螺钉应可靠接地。

（2）若需在箱内操作，开关最好装在箱内右上方，并且在它的上方不安装其他电器，否则应采取隔离或绝缘措施。

（3）转换开关的通断能力较低，不能用来分断故障电流。用于控制异步电动机的正反转时，必须在电动机完全停止转动后才能反向启动，且每小时的接通次数不能超过 15～20 次。

（4）当操作频率过高或负载功率因数较低时，应降低开关的容量使用以延长其使用寿命。

四、技术参数

表 1-5　转换开关技术参数

型号	额定电压（V）	额定电流（A）		380V 时可控制电动机的功率（kW）
		单极	三极	
HZ10-10	直流 220V 或交流 380V	6	10	1
HZ10-25		—	25	3.3
HZ10-60		—	60	5.5
HZ10-100		—	100	—

想一想

万能转换开关的结构及其用途

万能转换开关的实物如图 1-10 所示。它是由多组相同结构的触点组件叠装而成的多回路控制电器，由操作机构、定位装置、触点、接触系统、转轴、手柄等部件组成。

万能转换开关，可以把不同电流的家用电器转换成其能适用的电压和电流下正常工作。主要适用于交流 50Hz、额定工作电压 380V 及以下、直流电压 220V 及以下，额定电流至 160A 的电气线路中，主要用于各种控制线路的转换，电压表、电流表的换相测量控制，配电装置线路的转换和遥控等。万能转换开关还可以用于直接控制小容量电动机的启动、调速和换向。

图 1-10　万能转换开关

练一练

（1）转换开关为断开状态时，应使手柄在________旋转位置。

（2）转换开关在箱内操作时，开关最好装在箱内________。

（3）转换开关由________、________、________、________、________、________等部分组成。

（4）转换开关不能用来分断________。

任务四　认识空气开关

一、作用与型号

空气开关又称低压断路器。常用的空气开关有 DZ5、DZ10、DZX10、DZ15、DZ20 等系列塑壳式空气开关，DW15、DW16、DW17、DW15HH 等系列万能式空气开关，空气开关的实物如图 1-11 所示。

1. 作用

空气开关是低压配电网络和电力拖动系统中非常重要的一种电器，它集控制和多种保护功能于一身，除了能完成接通、分断电路外，还能对电路或电气设备发生的短路、严重过载及欠电压等进行保护，同时也可以用于不频繁地启动电动机。

（a）塑壳式空气开关

（b）框架式空气开关

（c）智能万能式空气开关

（d）抽屉式空气开关

图 1-11　空气开关

2. 型号

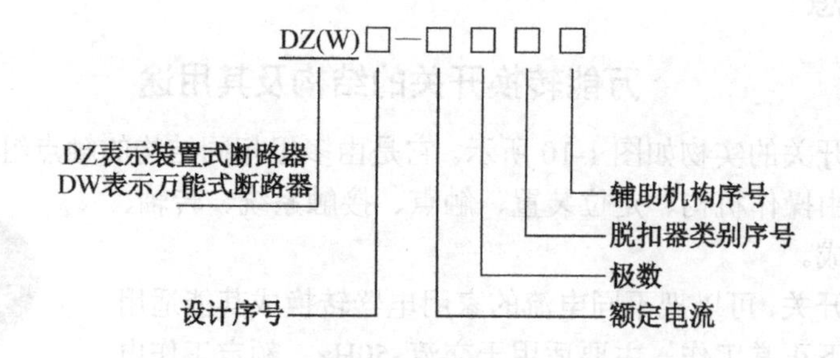

3. 电气符号

如图 1-12 所示为空气开关的电气符号。

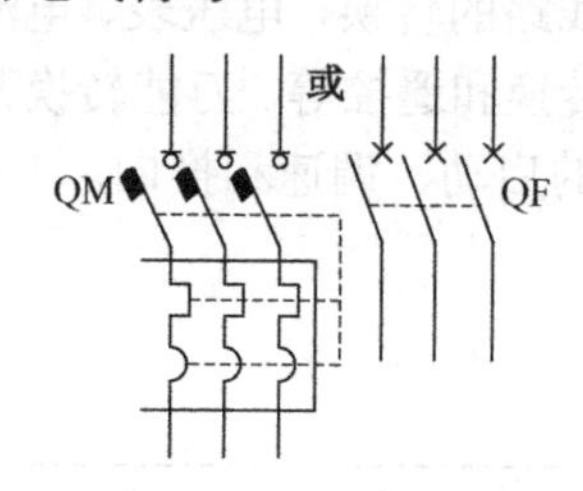

图 1-12　空气开关的电气符号

二、安装要求

（1）安装前应检查断路器的规格是否符合使用要求，擦净脱扣器电磁铁工作面上的防锈漆脂，并检查机构动作是否灵活及分合是否可靠。

（2）必须按照规定的方向安装，否则会影响脱扣器动作的准确性及通断能力。

（3）安装要平稳，否则塑料式空气开关会影响脱扣动作。

（4）安装时应按规定在灭弧罩上部留有一定的飞弧空间，以免产生飞弧。

（5）电源进线应接在灭弧室一侧的接线端（上母线）上，接至负载的出线应接在脱扣器一侧的接线端，并选择合适的连接导线截面，以免影响过流脱扣器的保护特性。

（6）凡设有接地螺钉的空气开关，均应可靠接地。

三、结构与工作原理

1. 结构

空气开关由操作机构、触点、保护装置（各种脱扣器）、灭弧系统等组成，如图 1-13 所示。

2. 工作原理

正常工作：主触点 1 闭合→断路器正常吸合，向负载供电。

短路保护：主触点 1 闭合→电磁脱扣器 3 的衔铁吸合，自由脱扣机构 2 动作→主触点 1 断开。

过载保护：主触点 1 闭合→热脱扣器 5 的热元件发热使双金属片上弯曲，自由脱扣机构 2 动作→主触点 1 断开。

欠（失）压保护：主触点 1 闭合→欠电压脱扣器 6 的衔铁释放，自由脱扣机构 2 动作→主触点 1 断开。

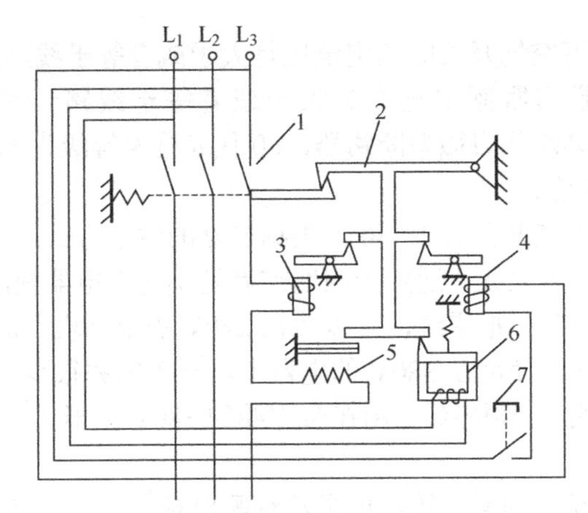

1—主触点；2—自由脱扣机构；3—电磁脱扣器；4—分励脱扣器；
5—热脱扣器；6—欠电压脱扣器；7—停止按钮

图 1-13　空气开关的结构和工作原理图

四、技术参数

空气开关的技术参数见表 1-6。

表 1-6　空气开关技术参数

型号	额定电压（V）	额定电流（A）	极数	脱扣器类别	热脱扣器额定电流（A）	电磁脱扣器瞬时动作整定值(A)
DZ5-20/200	交流 380	20	2	无脱扣器		
DZ5-20/300			3			
DZ5-20/210			2	热脱扣器	0.15（0.10～0.15） 0.20（0.15～0.20）	为热脱扣器额定电流的 8～12 倍（出厂时整定于 10 倍）
DZ5-20/310			3			
DZ5-20/220	直流 220		2	电磁脱扣器	0.30（0.20～0.30） 0.45（0.30～0.45） 1（0.65～1） 1.5（1～1.5） 3（2～3） 4.5（3～4.5） 10（6.5～10） 15（10～15）	为热脱扣器额定电流的 8～12 倍（出厂时整定于 10 倍）
DZ5-20/320			3			
DZ5-20/230			2	复式脱扣器		
DZ5-20/330			3			

想一想

如何选择家用空气开关型号

我们要先从这些字母和数字开始了解。

目前市面上看到的空气开关型号只有 C 和 D 两个表示，那么 C 和 D 是什么意思呢？据了解，C 代表照明，D 代表动力。

家庭使用的空气开关基本上是以 DZ 开头的，一般有 C25、C32、C40、C60、C80、C100、C120 几个型号，其中 C 代表脱扣电流，也就是说，电流电压达到指定量之后，空气开关可以自行处理。通常情况下空气开关的额定电压是大于或者等于线路额定电压的，而空气开关额定电流与过电流脱扣器额定电流是大于或者等于线路计算负荷电流的。例如：DZ47-60A C25，其中DZ47代表微型断路器，60代表框架等级为60A，C25代表脱扣器的瞬时脱扣过流倍数为25倍。

目前市面上销售的空气开关有1～4P，根据自家的供电方式进行选择，然后安装。

① 1P的只能保护一根火线，适用于照明或者是小功率电器使用安装；

② 2P保护一根火线和一根零线，可以接在220V的电动机类的电器上；

③ 3P保护三根火线，使用在380V的电器上，一般家庭很少使用；

④ 4P保护三根火线，一根零线。用在带零线的380V电器上，作为总开关也是不错的选择。

安装时，最好使用正规的配电箱，如果没有配电箱，可以选购一个固定空气开关的卡槽。把卡槽固定在木板或者是墙壁上，然后将空气开关安装上去。

练一练

（1）空气开关又称____，它既能通断电路，又能进行_____、_____、_____、_____保护。

（2）空气开关通过_______脱扣器实现短路保护。

（3）空气开关通过_______脱扣器实现过载保护。

（4）空气开关通过_______脱扣器实现欠压保护。

（5）空气开关的所有保护都要经过_______脱扣机构，断开主触点，实现对应保护。

任务五　低压开关的选用

一、类型

低压开关主要作隔离、转换及接通和分断电路用，多数用作机床电路的电源开关和局部照明电路的控制开关，有时也可用来直接控制小容量电动机的启动、停止和正反转。低压开关一般为非自动切换电器，常用的主要类型有开启式负荷开关、封闭式负荷开关、转换开关和空气开关。

二、选用原则

低压开关的选用原则见表1-7。

表1-7　低压开关的选用原则

低压开关	电路环境	额定电压	额定电流
开启式负荷开关	用于照明电路	＞线路工作电压	≥被控制电路中各个负载额定电流的总和
	用于电动机的直接启动	＞线路工作电压	为电动机额定电流的3倍
封闭式负荷开关	用于控制照明或电热设备	＞线路工作电压	≥被控制电路中各个负载额定电流的总和
	用于控制电动机	＞线路工作电压	为电动机额定电流的3倍

续表

低压开关	电路环境	额定电压	额定电流
转换开关	用于控制照明或电热设备	＞线路工作电压	≥被控制电路中各个负载额定电流的总和
	用于控制小型电动机不频繁的全压启动	＞线路工作电压	＞电动机额定电流的 1.5～2.5 倍
空气开关		＞线路工作电压	＞线路工作电流

三、案例

选择机床冷却泵电动机的控制开关，三相交流异步电动机 P_N=1.1kW，U_N=380V，I_N=2.2A。

选择方法如下：

（1）根据开关的使用环境和控制对象，选择 HZ10 系列的组合开关。

（2）线路工作电压为 380V，因此组合开关额定电压为 380V。

（3）电动机 I_N=2.2A，组合开关的计算额定电流为（1.5～2.5）×2.2=3.3～5.5A，查电工手册，确定组合开关的额定电流为 10A。

（4）由于控制对象是三相交流异步电动机，因此组合开关的极数是三级。

综上所述，机床冷却泵电动机控制开关的型号规格为：HZ10-10/3 380V。

想一想

如何正确选择家用低压总开关

住宅装修越来越豪华，家用电器也越来越多，在家庭用电中，选择一个合适的总开关非常重要，能够确保用电设备异常或需要停电检修时及时断开电源，以帮助用户安全用电。

目前，常用来作总开关的开关电器主要有：瓷插式熔断器、胶木闸刀、低压断路器、漏电保护器和漏电保护断路器。瓷插式熔断器和胶木闸刀虽然成本低，但由于更换熔丝较为麻烦，且考虑室内安装不美观，已较少被家庭采用。因此，现目前主要将低压断路器、漏电保护器和漏电保护断路器做以比较，以供用户合理选用。

低压断路器俗称空气开关，成本较胶木刀闸要高，但因为其同时具有过载保护和短路保护功能，自动跳闸后合上或稍等片刻合上就能继续供电，所以低压断路器可以作为家用总开关、分开关。

漏电保护器能够保护人的触电安全，而其能基本证明家电和线路是正常的，没有严重的漏电现象，但安装了漏电保护器不等于就万无一失，即使质量好的漏电保护器也不能保证可靠跳闸，漏电保护器是按泄漏电流大小来设计跳闸的，技术上虽然有一定的准确性，但触电对人的伤害是变化的，同样大小的电流，对不同的人、不同时间地点、不同环境等对人的伤害程度是不一样的，所以漏电保护器只能是一种辅助保护或重复保护，不能作为家庭的防触电主保护。只有在旧房屋和旧家电漏电的可能性大，容易造成漏电保护器不能投入使用的场合，或者新房子的厨房、卫生间、外墙和顶层有时因浸水等原因，导致线路经过这些地段可能漏电跳闸等场合，才可适当安装该类设备。

将空气开关和漏电断路器组合在一起，就是漏电保护断路器，这是一种较完美的保护电器，不仅具备漏电保护功能，而且具有过载保护和短路保护，是高档住房首选的总开关。

练一练

（1）请选择某车间照明电路总开关，并具有短路保护功能。照明电路三相四线制，工作电压为380V，工作总电流为15A。

（2）请选择某建筑工地混凝土搅拌机的控制开关，并具有短路保护。混凝土搅拌机是由一台三相交流异步电动机进行拖动，电动机 P_N=5.5kW，U_N=380V，I_N=11A。

（3）请选择某传送带的电源开关，开关安装在控制箱上，传送带是由一台三相交流异步电动机进行拖动，电动机 P_N=2.2kW，U_N=380V，I_N=4.4A。

技能训练一　低压开关维修

一、训练目标

（1）能够识别常用低压开关。

（2）熟悉常用低压电器的功能、结构、工作原理、安装方法及选用原则。

（3）掌握常用低压电器的拆装、组装及排除故障。

二、仪器、设备及元器件

（1）设备：HK开启式负荷开关、HH4-15/3Z 封闭式负荷开关、HZ10-10/3型转换开关、DZ5～20型空气开关。

（2）工具：螺丝刀、尖嘴钳、活动扳手等。

（3）仪表：MF500型万用表。

三、实训要求

（1）掌握常用低压电器的拆装与维修方法。

（2）外壳断裂，可补焊或胶粘。

（3）触点用酒精或汽油进行擦拭。

（4）毛刺不能用砂纸或锉刀打磨，应该用电工刀刮掉。

（5）线圈烧毁应重新缠绕。

（6）设备检修以后，应用万用表和摇表测量通断和绝缘。

四、训练内容

1．开启式负荷开关的维修

请按照以下步骤检查故障并维修。

故障现象	可能的原因	处理方法
合闸后，开关一相或两相开路	① 静触头弹性消失，开口过大，造成动、静触头接触不良 ② 熔丝熔断或虚连 ③ 动、静触头氧化或有尘污 ④ 开关进线或出线头接触不良	① 修整或更换静触头 ② 更换熔丝或紧固 ③ 清洁触头 ④ 重新连接

续表

故障现象	可能的原因	处理方法
合闸后，熔丝熔断	① 外接负载短路 ② 熔体规格偏小	① 排除负载短路故障 ② 按要求更换熔体
触头烧坏	① 开关容量太小 ② 拉、合闸动作过慢，造成电弧过大，烧坏触头	① 更换开关 ② 修整或更换触头，并改善操作方法

2. 封闭式负荷开关的维修

请按照以下步骤检查故障并维修。

故障现象	可能的原因	处理方法
操作手柄带电	① 外壳未接地或接地线松脱 ② 电源进出线绝缘损坏碰壳	① 检查后，加固接地导线 ② 更换导线或恢复绝缘
夹座(静触头)过热或烧坏	① 夹座表面烧毛 ② 闸刀与夹座压力不足 ③ 负载过大	① 用细锉修整夹座 ② 调整夹座压力 ③ 减轻负载或更换更大容量开关

3. 转换开关的维修

请按照以下步骤检查故障并维修。

故障现象	可能的原因	处理方法
手柄转动后，内部触头未动	① 手柄上的轴孔磨损变形 ② 绝缘杆变形(由方形磨为圆形) ③ 手柄与方轴或轴与绝缘杆配合松动 ④ 操作机构损坏	① 调换手柄 ② 更换绝缘杆 ③ 紧固松动部件 ④ 修理更换
手柄转动后，动、静触头不能按要求动作。	① 转换开关型号选用不正确 ② 维修开关时触头角度装配不正确 ③ 触头推动弹性或接触不良	① 更换开关 ② 重新装配 ③ 更换触头或清除氧化层或尘污
开关接线柱间短路	因铁屑或油污附着在接线柱间，形成导电层，将胶木烧焦，绝缘损坏而形成短路。	清扫开关或更换开关

4. 空气开关的维修

请按照以下步骤检查故障并维修。

故障现象	可能的原因	处理方法
手动操作空气开关不能闭合	① 电源电压太低 ② 热脱扣器的双金属片尚未冷却复原 ③ 欠电压脱扣器无电压或线圈损坏 ④ 储能弹簧变形，导致闭合力减小 ⑤ 反作用弹簧力过大	① 检查线路并调高电源电压 ② 待双金属片冷却后再合闸 ③ 检查线路，施加电压或调换线圈 ④ 调换储能弹簧 ⑤ 重新调整弹簧反力
电动操作空气开关不能闭合	① 电源电压不符 ② 电源容量不够 ③ 电磁铁拉杆行程不够 ④ 电动机操作定位开关变位	① 调换电源 ② 增大操作电源容量 ③ 调整或调换拉杆 ④ 调整定位开关

续表

故障现象	可能的原因	处理方法
电动机启动时空气开关立即分断	① 过电流脱扣器瞬时整定值太小 ② 脱扣器某些零件损坏 ③ 脱扣器反力弹簧断裂或落下	① 调整瞬时整定值 ② 调换脱扣器或损坏的零部件 ③ 调换弹簧或重新装好弹簧
欠电压脱扣器噪声大	① 反作用弹簧力太大 ② 铁芯工作面有油污 ③ 短路环断裂	① 调整反作用弹簧 ② 清除铁芯油污 ③ 调换铁芯
欠电压脱扣器不能使空气开关分断	① 反作用弹簧力变小 ② 储能弹簧断裂或弹簧力变小 ③ 机构生锈卡死	① 调整弹簧 ② 调换或调整储能弹簧 ③ 清除锈污
断路器温升过高	① 触头压力过小 ② 触头表面过分磨损或接触不良 ③ 两个导电零件连接螺钉松动	① 调整触头压力或更换弹簧 ② 更换触头或修整接触面 ③ 重新拧紧

空气开关是一种比较复杂的低压电器，它集控制、保护于一身，除正常选用外，尚需定期维护。

（1）取下灭弧罩，检查灭弧栅片的完整性，清除表面的烟痕和金属细末，保持外壳完整无损。

（2）检查触头表面、清除烟痕，用细锉或细砂布打磨接触面，并须保持触头原有形状。如果触头的银钨合金表面烧伤超过1mm，应更换新触头。

（3）检查触头的压力，有无因过热而失效，调节三相触头的位置和压力，使其保持三相同时闭合，并保证接触面积完整，接触压力一致。

（4）用手动缓慢分、合闸，检查辅助触头的常闭、常开触点的工作状态是否合乎要求，并检查辅助触头的表面是否损坏。

（5）检查脱扣器的衔铁和拉簧活动是否正常，动作应无卡阻，磁铁工作极表面应清洁平滑，无锈蚀、毛刺和污垢。热元件的各部位有无损坏，其间隙是否正常。

（6）机构各个摩擦部件应定期涂润滑油。全部检修完毕后，应做几次传动实验，检查是否正常，特别对于两个开关之间的电气联锁系统，要确保动作无误。

练一练

拆装开启式负荷开关、封闭式负荷开关、转换开关、空气开关，填写下表。

型号	极数	额定电压	额定电流	主要零部件	
				名称	作用

项目一　知识点、技能点、能力测试点

知识点	技能点	能力测试点
1. 开启式负荷开关结构 2. 开启式负荷开关用途 3. 封闭式负荷开关结构 4. 封闭式负荷开关用途 5. 转换开关结构 6. 转换开关用途 7. 空气开关结构 8. 空气开关作用 9. 空气开关工作原理 10. 低压开关选择原则	1. 开启式负荷开关拆装 2. 开启式负荷开关技术参数 3. 封闭式负荷开关的认识 4. 封闭式负荷开关技术参数 5. 转换开关的认识 6. 转换开关图形符号 7. 空气开关安装与维护 8. 空气开关技术参数 9. 低压开关维护与维修	1. 开启式负荷开关的安装与维修 2. 封闭式负荷开关的安装与维修 3. 转换开关的安装与维修 4. 空气开关的安装 5. 低压开关选用

项目二

选用低压熔断器

学习指南

熔断器是一种保护电器，它串联在电路中，当电路出现短路或过载时，通过熔体的电流大于规定值，熔体发热熔化而自动分断电路，起到保护线路、设备的作用，常用在低压电路如照明电路中起过载保护和短路保护作用，而在电动机控制电路中只起短路保护作用。

熔断器是一种常用的低压电器设备，其结构相对简单，容易拆装，应用也非常广泛，学习时要善于观察、善于思考、善于实践，在学习中一定要弄清楚常见低压熔断器的结构、类型及不同型号熔断器的适用场所，必须掌握熔断器的安装、选择和熔体更换方法。

项目学习目标

任务	重点	难点	关键能力
瓷插式熔断器	1. 瓷插式熔断器用途 2. 瓷插式熔断器结构和保护原理 3. 瓷插式熔断器常用型号	瓷插式熔断器技术数据	1. 瓷插式熔断器拆装 2. 熔体更换
螺旋式熔断器的结构	1. 螺旋式熔断器用途 2. 螺旋式熔断器结构与保护原理 3. 螺旋式熔断器常用型号	螺旋式熔断器技术数据	1. 螺旋式熔断器拆装 2. 熔体更换
有填料封闭式熔断器的结构	1. 有填料封闭式熔断器用途 2. 有填料封闭式熔断器结构及保护原理 3. 有填料封闭式熔断器常用型号	有填料封闭式熔断器技术数据	1. 有填料封闭式熔断器各部分作用 2. 熔体更换方法
低压熔断器选择	1. 低压熔断器作用和分类 2. 低压熔断器的图形符号	1. 低压熔断器型号含义 2. 低压熔断器选用原则	1. 低压熔断器选用 2. 低压熔断器安装 3. 常用低压熔断器

任务六　认识瓷插式熔断器

一、瓷插式熔断器结构

瓷插式熔断器的实物如图 2-1 所示。瓷盖和瓷底均用电工瓷制成，电源线及负载线可分别接在瓷底两端的静触头上，瓷底座中间有一空腔，熔丝穿过空腔与熔断器的两个触点相连，空腔与瓷盖突出部分对熔丝构成灭弧室。

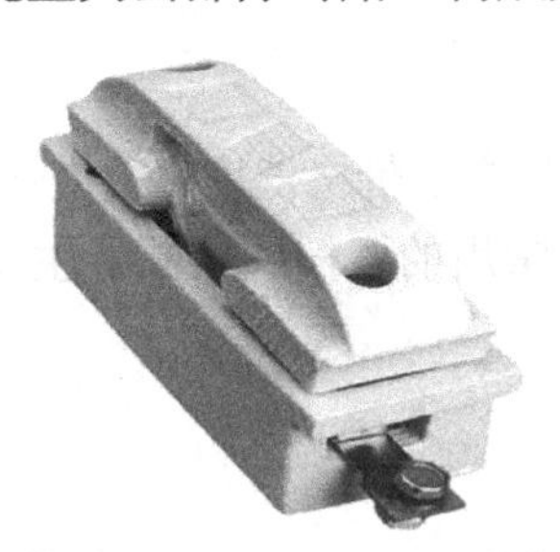

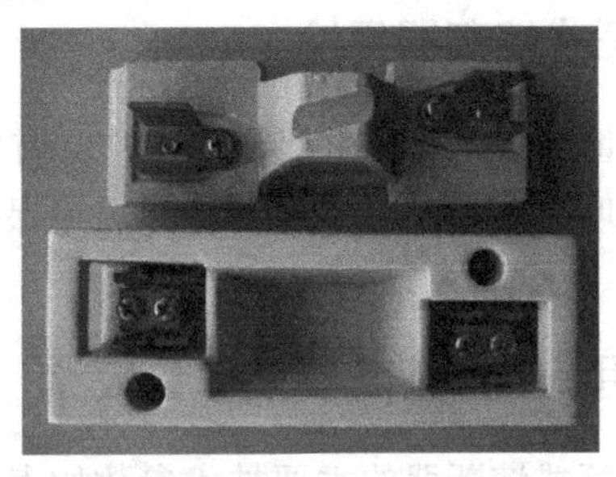

图 2-1　瓷插式熔断器

如图 2-2 所示，瓷插式熔断器由瓷盖、瓷座、动触头、静触头及熔丝 5 部分组成。

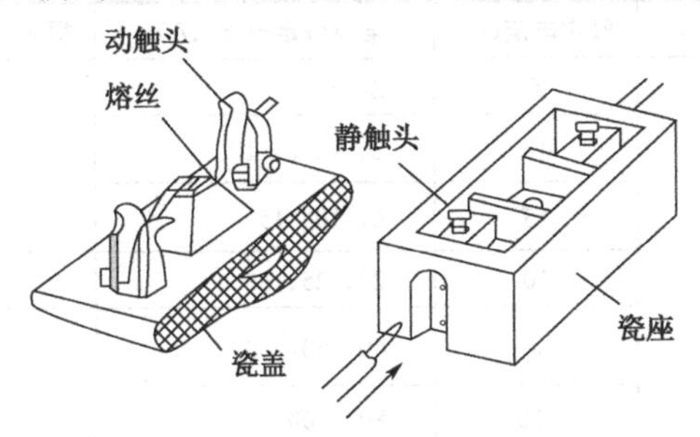

图 2-2　瓷插式熔断器结构

二、拆装瓷插式熔断器

1. 拆装要求

认真观察瓷插式熔断器的结构，按照一定的顺序进行拆装，并将拆卸下来的物件摆放整齐，瓷盖和瓷座注意避免碰撞、跌落，保证瓷盖上的火漆封装完整，并填写下表。

表 2-1　瓷插式熔断器拆装记录表

电器名称			拆装时间	
型号				
拆卸顺序	部件名称	部件作用	部件所用材料	部件为何用这种材料
1				
2				
3				
4				
5				

2. 安装要求

（1）瓷插式熔断器应垂直安装，必须采用合格的熔丝，不得以其他的铜丝等代替熔丝。
（2）瓷件应完好无损。
（3）瓷盖上的火漆封装应无损坏。
（4）熔断器内固定螺钉的上面必须垫石棉布。
（5）安装面是硬质材料，应在瓷座与安装面之间垫橡胶片。
（6）不适用振动场所。

三、瓷插式熔断器用途

瓷插式熔断器又称插入式熔断器，它具有结构简单、价格低廉、更换熔体方便等优点，被广泛用于照明电路和小容量电动机的短路保护。常用的瓷插式熔断器主要是 RC1A 系列产品。

四、常用瓷插式熔断器技术参数

常用的瓷插式熔断器的主要技术参数如表 2-2 所示。

表 2-2　瓷插式熔断器的主要技术参数

型号	额定电压（V）	额定电流(A)	熔体额定电流（A）	极限分断能力（kA）	功率因数
RC1A	380	5	2、5	0.25	0.8
		10	2、4、6、10	0.5	
		15	6、10、15		
		30	20、25、30	1.5	0.7
		60	40、50、60	3	0.6
		100	80、100		
		200	120、150、200		

五、常用瓷插式熔断器的外形

瓷插式熔断器 RC1 已被淘汰，RC1A 还在使用，RC1A 的外形如图 2-3 所示。

图 2-3　RC1A 的外形图

想一想

如何选择 RC1A 系列瓷插式熔断器熔体

在实际生产、生活中使用的 RC1A 型熔断器，或发热严重，火漆熔化外溢；或瓷插断裂，粘满飞溅的铅锡金属。这些都是由于对这类熔断器的特性与结构不够了解，没有正确选择熔体，从而导致熔断器不但无法起到保护作用，反而引起各种电气事故。

为什么 RC1A 系列熔断器的熔体必须按铜熔体来设计呢？因为铜质熔丝材料截面较小，只有相应工作电流铅铝合金熔丝的 1/13，熔断时金属蒸气少，易于灭弧，分断能力好。同时材料的质量与尺寸也较容易控制；保证工作电流准确。所以，在电压较高（380V）、电流较大（15A 以上）的电路中，要求熔断器分断电流也大，必须采用铜熔丝。但是铜熔丝容易氧化，必须加强检查与维护。如果发现铜熔丝使用时间过长，氧化严重，就必须及时更换与其工作电流相同的新铜熔丝。

铅铝合金熔丝熔点低，耐腐蚀，价格低，但是它截面大，特别是熔断时产生大量的金属喷溅，不易灭弧，分断能力极差，故只适合于作一般低电压、小电流电路中熔断器的熔体，如家庭照明电路。

练一练

（1）瓷插式熔断器由____、_____、_____、_____、_____五部分组成。

（2）瓷插式熔断器用于照明电路和小容量电动机的______保护。

（3）瓷插式熔断器的电源线及负载线可分别接在瓷底两端的_____触头上。

任务七　认识螺旋式熔断器

一、螺旋式熔断器结构

螺旋式熔断器的实物如图 2-4 所示。

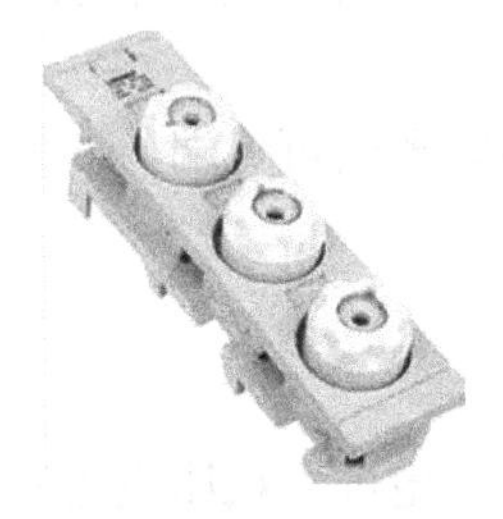

图 2-4　螺旋式熔断器实物图

如图 2-5 所示，螺旋式熔断器由瓷帽、熔断管、瓷套、上接线柱和下接线柱及瓷底座等部分组成。

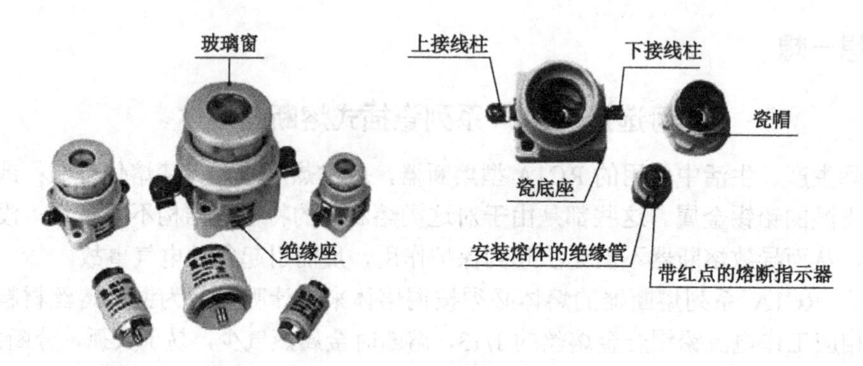

图 2-5 螺旋式熔断器结构

二、拆装螺旋式熔断器

1. 拆装要求

认真观察螺旋式熔断器的结构，先旋下瓷帽，然后取出熔管，并将拆卸下来的物件摆放整齐，瓷件避免碰撞、跌落，并填写下表。装配时先将熔管带色端向上，然后将熔管放在熔座里，最后将瓷帽旋紧在金属螺纹上。

表 2-3 螺旋式熔断器拆装记录表

<table>
<tr><td>电器名称</td><td colspan="2"></td><td>拆装时间</td><td></td></tr>
<tr><td>型号</td><td colspan="4"></td></tr>
<tr><td>拆卸顺序</td><td>部件名称</td><td>部件作用</td><td>部件所用材料</td><td>部件为何用这种材料</td></tr>
<tr><td>1</td><td></td><td></td><td></td><td></td></tr>
<tr><td>2</td><td></td><td></td><td></td><td></td></tr>
<tr><td>3</td><td></td><td></td><td></td><td></td></tr>
<tr><td>4</td><td></td><td></td><td></td><td></td></tr>
<tr><td>5</td><td></td><td></td><td></td><td></td></tr>
</table>

2. 安装要求

（1）确定熔断器规格后，要根据负载情况选用合适的熔体。

（2）进入熔断器的电源线应接在中心舌片的端子上，电源出线应接在螺纹的端子上，切勿反接。

（3）熔体的熔断指示端应置于熔断器的可见端，以便及时发现熔体的熔断情况。

（4）瓷帽瓷套连接平整、紧密。

三、螺旋式熔断器用途

螺旋式熔断器广泛用于控制箱、配电屏、机床设备及振动较大的场合，在交流额定电压 500V、额定电流 200A 及以下的电路中，作为短路保护器件。

四、常用螺旋式熔断器技术参数

常用螺旋式熔断器的主要技术参数见表 2-4。

表 2-4　螺旋式熔断器的主要技术数据

型号	额定电压（V）	额定电流（A）	熔体额定电流（A）	极限分段能力（kA）	功率因数
RL1	500	15	2、4、6、10、15	2	≥0.3
		60	20、25、30、35、40、50、60	3.5	
		100	60、80、100	20	
		200	100、125、150、200	50	
RL2	500	25	2、4、6、10、15、20、25	1	
		60	25、35、50、60	2	
		100	80、100	3.5	

五、常用螺旋式熔断器的类型

（1）RL5 系列，适用于交流 50Hz，额定电压 660V、1140V，额定电流至 16A 的矿用电气设备控制回路中，主要作短路保护之用。

（2）RL6(RL7)系列，适用于交流 50Hz，额定电压至 500V，额定电流至 63A 的线路中，作电气设备的短路和过载保护之用，可以取代 RL1 系列。

（3）RL8 系列，适用于交流 50Hz 的电路中，在低压配电系统中作线路的过载和短路保护。

想一想

螺旋式熔断器接线规范

螺旋式熔断器接线口诀：

螺旋式的熔断器，装接进出线规范；
瓷套中心进电源，接底座下接线端；
螺壳和出线相连，接底座上接线端；
旋出瓷帽换芯子，螺纹壳上不带电。

说明：

RL1 系列螺旋式熔断器的熔断管内，除装有熔丝外，在熔丝周围填满石英砂，作为熄灭电弧用。熔断管的一端有一小红点，熔丝熔断后红点自动脱落，显示熔丝已熔断。使用时将熔断管有红点的一端插入瓷帽，瓷帽上有螺纹，将瓷帽连同熔断管一起拧进瓷底座，熔丝便接通电路。

螺旋式熔断器的熔断管是接在两个接线端子之间的，故在装接时，用电设备的连接线（出线）接到连接金属螺纹壳的上接线端，电源进线接到瓷底座上的下接线端。这样在安装熔断管和检修时，一旦有金属工具等触碰壳体造成短路，则熔芯就会及时熔断，避免事故扩大。如果进出线接反，而螺壳又较易与外界接触，当发生以上情况时就无熔芯保护了。再按正规的规范装接进出线，在更换熔芯时，旋出瓷帽后螺纹壳上不会带电，保证了安全。

练一练

（1）在螺旋式熔断器的熔管内要填充石英砂，石英砂的作用是________。
（2）熔断管上的色点消失，显示______已熔断。
（3）螺旋式熔断器主要由____、______、_____、_______、_____、_______六部分组成。
（4）螺旋式熔断器电源进线接到瓷底座上的________接线端。

任务八　认识有填料封闭式熔断器

一、有填料封闭式熔断器结构

如图 2-6 所示为有填料封闭式熔断器实物图。

如图 2-7 所示，有填料封闭式熔断器由熔管、指示器、填料和熔体等部分组成。

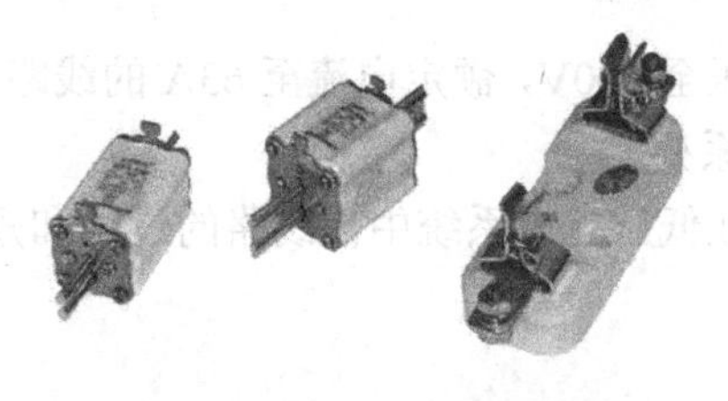

图 2-6　有填料封闭式熔断器实物图

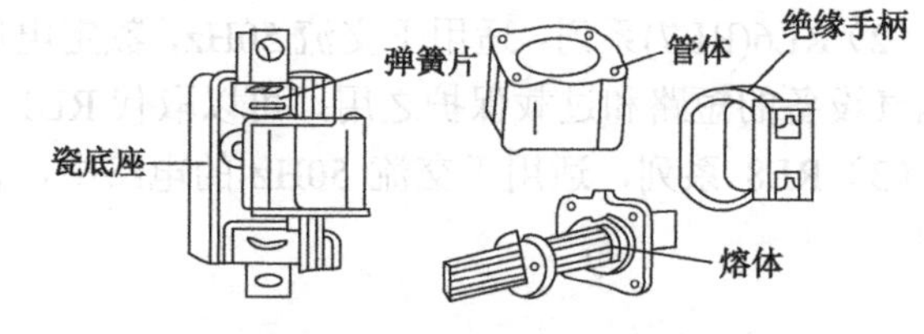

图 2-7　有填料封闭式熔断器结构

二、有填料封闭式熔断器用途

有填料熔断器，内装石英砂及熔体，分断能力强，广泛用于短路电流较大的电力输配电系统中，作为电缆、导线和电气设备的短路保护及导线、电缆的过载保护。

三、常用有填料封闭式熔断器技术参数

RT0 系列熔断器的主要技术参数见表 2-5。

表 2-5　RT0 系列熔断器的主要技术参数

型号	额定电压（V）	额定电流（A）	熔体额定电流（A）	极限分段能力（kA）	功率因数
RT0	交流 380 直流 440	100	30、40、50、60、80、100	交流 50 直流 25	>0.3
		200	80、100、125、150、200		
		400	150、200、250、300、350、400		
		600	350、400、450、500、550、600		
		1000	700、800、900、1000		

四、安装要求

（1）允许垂直、水平、倾斜安装。

（2）爬电距离不小于 12mm。

（3）电气间隙不小于 8mm。

五、常用有填料封闭式熔断器类型

（1）RT0 系列低压有填料封闭管式熔断器，适用于交流 50Hz，额定电压 380V 或直流 440V，额定电流至 1000A 的线路中，作配套电气设备短路或过载保护。

（2）RT19 系列圆筒形帽型熔断器，适用于额定电压至交流 500V，额定电流至 125A 的装置中，作过载和短路保护。

（3）RT18 系列圆筒形帽型熔断器，适用于额定电压为交流 220V/380V，额定电流至 63A 的配电装置中作过载和短路保护。

（4）RT16(NT)系列低压高分断能力熔断器,具有体积小、重量轻、分断能力高等特点，广泛用于电气设备的过载保护和短路保护。

（5）RT14 型圆筒形帽型熔断器，适用于额定电压为交流 400V，额定电流至 63A 的配电装置中，作为短路保护。

想一想

快速熔断器

快速熔断器的实物如图 2-8 所示。

图 2-8　快速熔断器实物图

快速熔断器是熔断器的一种，主要用于半导体整流元件或整流装置的短路保护。由于半导体元件的过载能力很低，只能在极短时间内承受较大的过载电流，因此要求短路保护具有快速熔断的能力。快速熔断器的结构和有填料封闭式熔断器基本相同，但熔体材料和形状不同，它是以银片冲制的有 V 形深槽的变截面熔体。

快速熔断器的熔丝除了具有一定形状的金属丝外，还会在上面点上某种材质的焊点，其目的是使熔丝在过载情况下迅速断开。

快速熔断器就突出“快”，即灵敏度高，一旦电路电流过载，熔丝在焊点的作用下迅速发热，迅速断开熔丝，好的快速熔断体其效率相当高，主要用来保护可控硅和一些电子功率元器件。

练一练

（1）有填料熔断器的熔管，内装______及______。
（2）快速熔断器熔丝上面的焊点，是为了使熔丝在过载情况下______断开。
（3）有填料封闭式熔断器由______、______、______和______等组成。

任务九　低压熔断器的选择与安装

一、低压熔断器的型号与电气符号

1．型号（见图2-9）

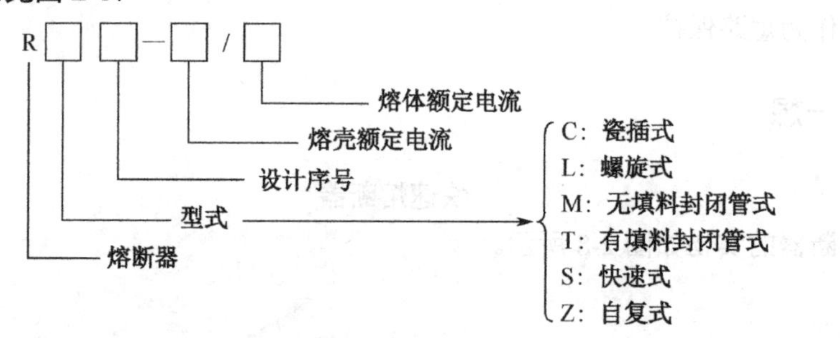

图2-9　低压熔断器的型号

2．电气符号（见图2-10）

FU

图2-10　低压熔断器的电气符号

二、低压熔断器选用原则

低压熔断器多用于保护照明电路及其电热设备、单台电动机、多台电动机、配电变压器低压侧等。其选用原则见表2-6。

表2-6　低压熔断器的选用原则

电路环境	熔体额定电流	熔断器	
		额定电压	额定电流
照明电路或电热设备	>线路工作电流	≥线路工作电压	≥熔体额定电流
单台电动机	电动机额定电流的1.5～2.5倍		
多台电动机	最大一台电动机额定电流的1.5～2.5倍加上其余电动机额定电流之和		

三、低压熔断器安装方法

（1）熔断器安装前，应检查熔断器的额定电压、额定电流及极限分断能力是否与要求

的一致。核对所保护电气设备的容量与熔体容量相匹配；对后备保护、限流、自复、半导体器件保护等有专用功能的熔断器，严禁替代。

（2）安装时，应保证熔体和触刀及触刀和刀座接触良好，以免熔体温度过高而误动作。同时还要注意不使熔体受到机械损伤。

（3）瓷质熔断器在金属底板上安装时，其底座应垫软绝缘衬垫。

（4）螺旋式熔断器的安装，底座严禁松动，电源线必须与瓷底座的下接线端连接，防止更换熔体时发生触电。

（5）熔断器安装位置及相互间距离，应便于更换熔体，更换熔体应在停电状况下进行。

四、案例

选择电动机控制线路的短路保护器件，控制线路的控制对象是一台三相交流异步电动机，电动机 P_N=3.5kW，U_N=380V，I_N=7A。

选择方法如下：

（1）根据使用环境、功能要求和控制对象，选择 RL1 系列螺旋式熔断器。

（2）熔体额定电流计算值为（1.5～2.5）×7=10.5～17.5A，查电工手册，熔体额定电流为 15A。

（3）根据熔体的额定电流，查电工手册，确定熔断器的额定电流为 15A。

（4）线路工作电压为 380V，查电工手册，确定熔断器额定电压为 500V。

综上所述，电动机控制线路的短路保护器件为 RL1-15/15　500V。

想一想

低压熔断器的使用

1．熔断器使用注意事项

（1）熔断器的保护特性应与被保护对象的过载特性相适应，考虑到可能出现的短路电流，选用相应分断能力的熔断器。

（2）熔断器的额定电压要适应线路电压等级，熔断器的额定电流要大于或等于熔体额定电流。

（3）线路中各级熔断器熔体额定电流要相应配合，保证前一级熔体额定电流必须大于下一级熔体额定电流。

（4）熔断器的熔体要按要求使用相配合的熔体，不允许随意加大熔体或用其他导体代替熔体。

2．熔断器巡视检查内容

（1）检查熔断器和熔体的额定值与被保护设备是否相配合。

（2）检查熔断器外观有无损伤、变形，瓷绝缘部分有无闪烁放电痕迹。

（3）检查熔断器各接触点是否完好，接触是否紧密，有无过热现象。

（4）熔断器的熔断信号指示器是否正常。

3．熔断器使用维修

（1）熔体熔断时，要认真分析熔断的原因，可能的原因有：

① 短路故障或过载运行而正常熔断；

② 熔体使用时间过久，熔体因受氧化或运行中温度高，使熔体特性变化而误断；

③ 熔体安装时有机械损伤，使其截面积变小而在运行中引起误断。

（2）拆换熔体时，要求做到：

① 安装新熔体前，要找出熔体熔断原因，未确定熔断原因，不要拆换熔体试送；

② 更换新熔体时，要检查熔体的额定值是否与被保护设备相匹配；

③ 更换新熔体时，要检查熔断管内部烧伤情况，如有严重烧伤，应同时更换熔管。瓷熔管损坏时，不允许用其他材质管代替。填料式熔断器更换熔体时，要注意填充填料。

（3）熔断器应与配电装置同时进行维修工作：

① 清扫灰尘，检查接触点接触情况；

② 检查熔断器外观(取下熔断器管)有无损伤、变形，瓷件有无放电闪烁痕迹；

③ 检查熔断器，熔体与被保护电路或设备是否匹配，如有问题应及时调查；

④ 注意在TN接地系统中的N线，设备的接地保护线上，不允许使用熔断器；

⑤ 维护检查熔断器时，要按安全规程要求，切断电源，不允许带电摘取熔断器管。

练一练

（1）熔断器的作用是什么？在选择熔断器时，我们主要考虑哪些技术参数？

（2）拆装瓷插式熔断器、螺旋式熔断器、有填料封闭式熔断器，并填写下表。

型号	额定电压	额定电流	熔体额定电流	主要零部件	
				名称	作用

项目二　知识点、技能点、能力测试点

知识点	技能点	能力测试点
1. 瓷插式熔断器结构 2. 瓷插式熔断器用途 3. 螺旋式熔断器结构 4. 螺旋式熔断器用途 5. 有填料封闭式熔断器结构 6. 有填料封闭式熔断器用途 7. 低压熔断器选择原则	1. 瓷插式熔断器拆装 2. 螺旋式熔断器拆装 3. 有填料封闭式熔断器拆装 4. 熔断器技术参数 5. 低压熔断器安装与维护	1. 瓷插式熔断器的安装与维护 2. 螺旋式熔断器的安装与维护 3. 有填料封闭式熔断器的安装与维护 4. 低压熔断器选用方法

项目三

选用交流接触器与继电器

学习指南

交流接触器广泛用于电力的开断和控制电路中，是电气控制系统中的重要元件之一。继电器通常应用于自动控制电路中，它实际上是用较小的电流去控制较大电流的一种“自动开关”，故在电路中起着自动调节、安全保护、转换电路等作用。

通过拆装熟悉接触器、继电器的结构；通过接触器、继电器的使用，熟悉它们的工作原理和使用要求；通过案例，会选用接触器和继电器。

项目学习目标

任务	重点	难点	关键能力
交流接触器	1. 交流接触器用途和结构 2. 交流接触器工作原理和符号 3. 交流接触器常用型号	1. 交流接触器型号意义 2. 交流接触器选用原则 3. 短路环的作用 4. 交流接触器技术数据	1. 交流接触器选用 2. 交流接触器安装
中间继电器	1. 继电器的特点 2. 中间继电器用途和结构 3. 中间继电器的工作原理和符号 4. 中间继电器常用型号	1. 中间继电器的型号意义 2. 中间继电器选用原则 3. 中间继电器技术数据	1. 中间继电器与接触器的异同比较 2. 中间继电器的选用
热继电器	1. 热继电器的用途和结构 2. 热继电器的工作原理和符号 3. 热继电器常用型号	1. 热继电器的型号意义 2. 热继电器的选用原则 3. 热继电器技术数据	1. 热继电器的选用 2. 热继电器定值调整 3. 热继电器安装
时间继电器	1. 时间继电器用途和类型 2. 空气阻尼式时间继电器工作原理和符号	1. 时间继电器工作原理 2. 空气阻尼式时间继电器的型号和选用 3. 空气阻尼式时间继电器技术参数	1. 两种类型时间继电器延时触点的动作方式 2. 能根据不同的实际需要选择不同种类的时间继电器
速度继电器	1. 速度继电器的用途和结构 2. 速度继电器的工作原理和符号	速度继电器的型号和技术参数	1. 速度继电器选用 2. 速度继电器安装
电流继电器	1. 电流继电器分类和用途 2. 电流继电器结构及动作原理 3. 电流继电器符号	1. 过电流继电器与欠电流继电器的区别及在线路中的作用 2. 电流继电器技术数据	1. 能正确理解电流继电器对线路的保护作用 2. 能正确选用电流继电器
电压继电器	1. 电压继电器分类和用途 2. 电压继电器结构与动作原理 3. 电压继电器符号	1. 过电压继电器与欠（零）电压继电器的区别及在线路中的作用 2. 电压继电器技术数据	1. 能正确理解电压继电器对线路的保护作用 2. 能正确选用电压继电器

任务十　认识交流接触器

交流接触器是一种用于接通或断开带负载的交流主电路或大容量控制电路的自动切换器，广泛应用于三相电动机的启动、反转、制动和调速等频繁操作和远距离控制中，此外也用于其他电力负载，如电热器、电焊机、照明设备，不仅能接通和切断电路，而且还具有低电压释放保护作用。常用交流接触器的外观如图3-1所示。

图3-1　交流接触器的外观图

一、交流接触器的结构

交流接触器的结构如图3-2所示。

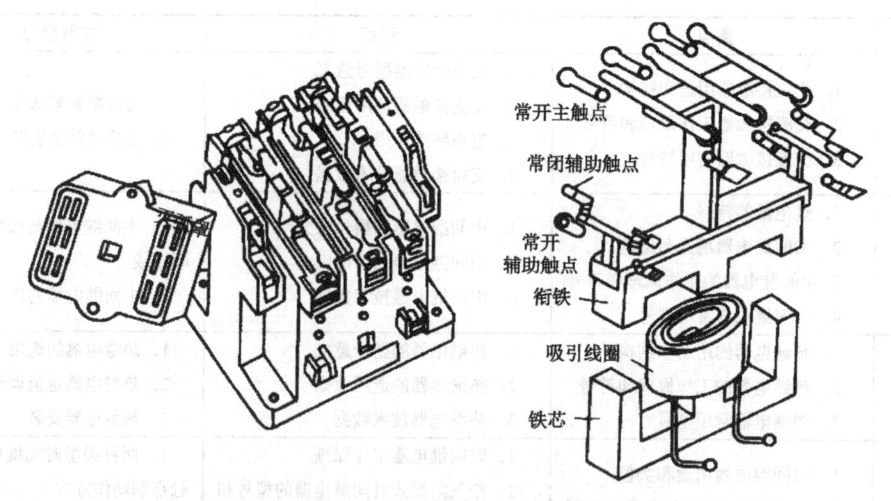

图3-2　交流接触器的结构

交流接触器各部分的作用见表3-1。

表3-1　交流接触器各部分的作用

名称	组成		作用
交流接触器	电磁系统	吸引线圈	线圈通电后产生磁场，使静铁芯产生足够的吸力将动铁芯吸合，带动触点的闭合与断开。线圈断电后，磁场消失，动铁芯在复位弹簧的作用下回到原位，各触点也一起复位
		动铁芯（衔铁）	
		静铁芯	
		短路环	减小电磁噪声和振动，也称减振环

续表

名称	组成		作用
交流接触器	触头系统	主触头	一般是三对常开触点，体积较大，接在主电路中，用于接通和断开主电路
		辅助触头	分常开和常闭两种，体积较小，多用在控制电路中，用来实现各种控制。常开触点常态为断开状态；常闭触点常态为闭合状态。
	灭弧装置		熄灭交流接触器在分断较大电流时，在动、静触点之间产生的较强的电弧，以免使主触头烧毛、熔焊
	附件	绝缘外壳	
		弹簧	
		传动机构	
		接线柱	

交流接触器的结构和电气符号如图 3-3。

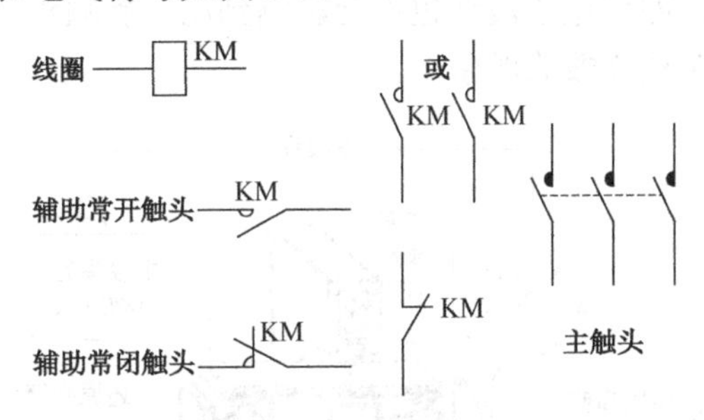

图 3-3　交流接触器电气符号

二、交流接触器的工作原理

交流接触器分电磁式交流接触器和永磁式交流接触器。

1．电磁式交流接触器

如图 3-4 所示，当电磁线圈得电后，固定铁芯 B（静铁芯）被磁化为电磁铁，产生电磁吸力，克服还原弹簧 H 的反弹力使动铁芯 A 吸合，带动触头动作，即常闭触头断开、常开触头闭合；当线圈失电后，电磁铁失磁，电磁吸力消失，在弹簧的作用下触头复位。交流接触器线圈的工作电压，应为其额定电压的 85%～105%，这样才能保证接触器可靠吸合。如电压过高，交流接触器磁路趋于饱和，线圈电流将显著增大，有烧毁线圈的危险。反之，电压过低，电磁吸力不足，动铁芯吸合不上，线圈电流达到额定电流的十几倍，线圈可能过热烧毁。

2．永磁式交流接触器

永磁式交流接触器的工作原理就是利用磁极的同性相斥、异性相吸的原理。因安装在接触器联动机构上的永磁铁的极性是固定不变的，而固定在接触器底座上的软铁在外来控制信号作用下，与其固化在一起的电子模块产生十几至二十几毫秒的正反向脉冲电流，使软铁产生不同的极性，从而使接触器的主触头达到吸合、保持与释放的目的。由于它有着

很高的性价比，现已逐步替代传统的电磁式交流接触器。

永磁式交流接触器不工作时，动、静触头处于释放状态，如给吸引线圈通电，磁极将产生磁场，使接触器触头从释放位置向吸合位置快速移动，同时也为动触头的释放储存了能量。触头之间一旦产生电弧，电磁间隙变小，这时永磁力就会剧增，吸合速度加快（吸合时间小于 20ms），从而大大减少了触头吸合时的烧蚀，永磁力使触头吸合后保持触头压力力矩恒定，不受网电压波动的影响，即便在临界电压下吸合触头也是一次性动作，触头不振颤。接触器触头吸合后，电流控制模块将吸引线圈的电流截止，此时线圈不工作、不耗电，线圈的电流为零，无能耗，线圈当然不会发热，更不会烧毁，此时完全依靠永磁力将触头保持在吸合状态。与此同时，智能式电子线路控制电压检测模块开始工作，当电压检测模块检测到的控制电压低于规定电压值时，吸合时储存的电能才会给线圈通以反向电流，使动磁极与静磁极之间产生同极性磁场的相斥力，并与释放弹簧共同作用将永磁式交流接触器触头释放，此时释放的能量是传统电磁式交流接触器的数倍，释放速度是电磁式交流接触器的 3～5 倍（小于 18ms），有效地减少了释放时触头间电弧的燃烧时间。当控制电压高于规定电压值时，即使电压波动也不会影响到动、静触头间的保持力，触头同样不会振颤，完全避免了触头被烧毁的现象。

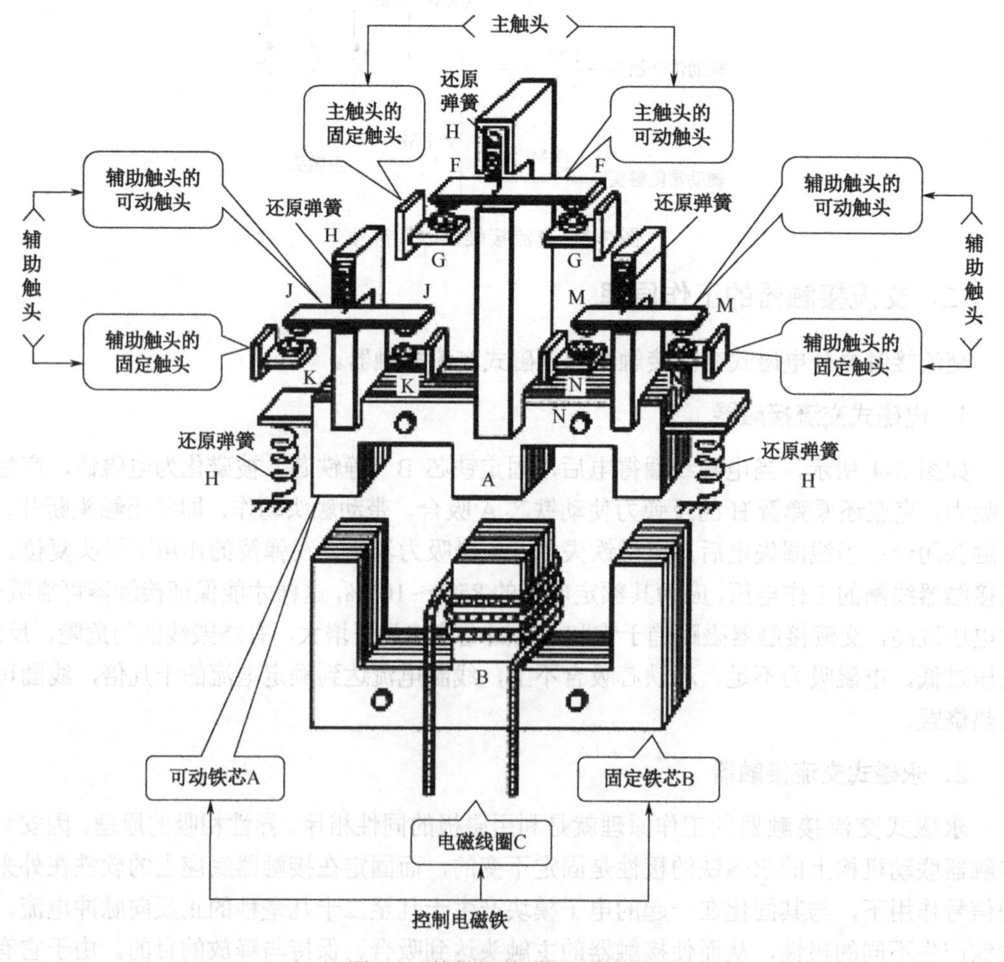

图 3-4　接触器的原理结构图

永磁式接触器的几大优点：

（1）工作可靠性好，丝毫不受网电压干扰。

（2）动作速度快，为0.12～0.15s，传统的为0.35～0.38s。

（3）运行安静，无交流噪音，不受灰尘、油污影响。

（4）模块无温升，而且耐老化，抗腐蚀，超长使用寿命是传统的3倍。

（5）免维护，超节能环保，节电率99%。20安培以上的接触器加有灭弧罩，利用断开电路时产生的电磁力，快速拉断电弧，以保护接点。

三、交流接触器的型号与电气符号

1．工业用接触器的型号

工业用接触器多为通用型号，常见的型号主要有CJ系列中的CJ20系列、CJX2系列、CJT1系列，如图3-5所示。

（a）CJ20系列

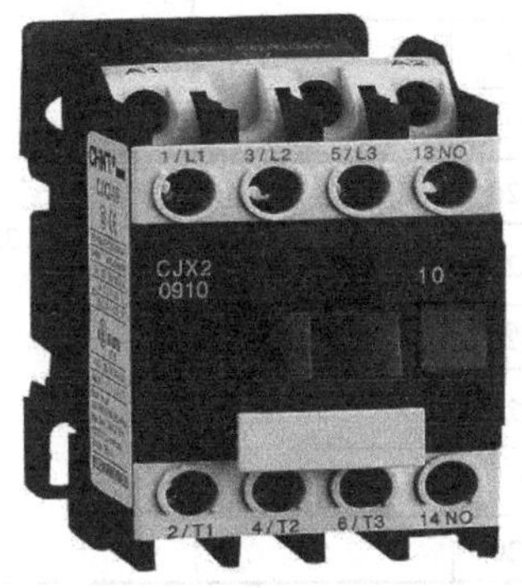

（b）CJX2系列

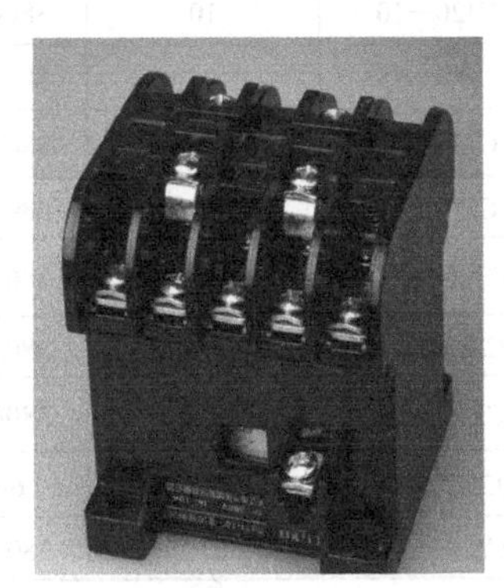

（c）CJT1系列

图3-5　工业用接触器的型号

2．建筑及家用接触器的型号

目前比较常用的建筑及家用接触器主要有ABB公司的ESB系列、正泰公司的NCH8系列、西门子公司的3TF系列、施耐德公司的ICT系列等，如图3-6所示。

（a）ABB　ESB系列

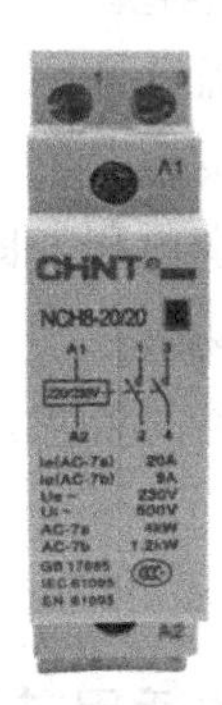

（b）正泰NCH8系列

（c）西门子3TF系列

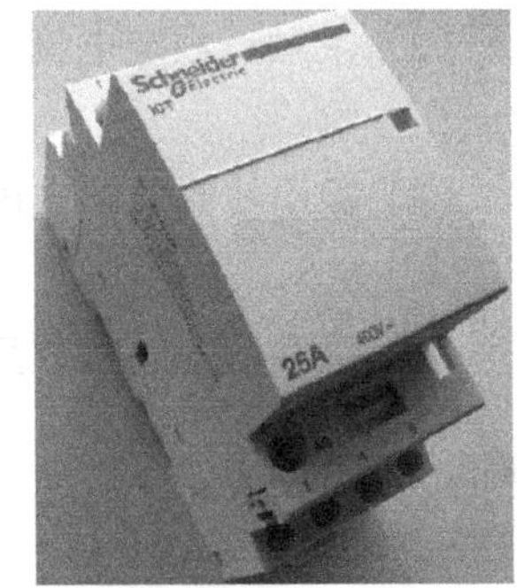

（d）施耐德ICT系列

图3-6　建筑及家用接触器的型号

3. 交流接触器的电气符号及主要技术参数

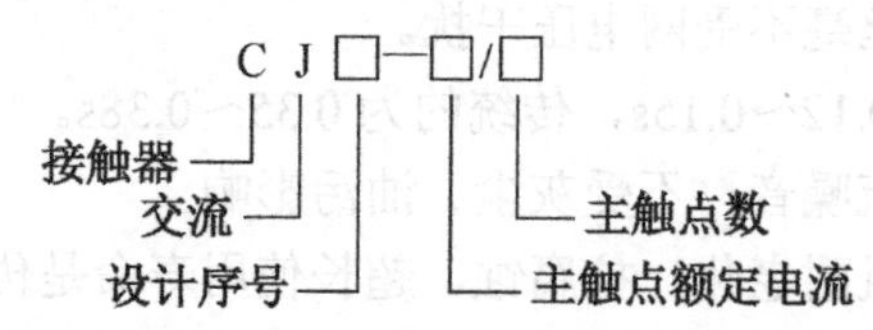

接触器的主要技术参数有主触点额定电流、吸引线圈电压等，CJ20 系列交流接触器的主要技术参数见表 3-2。

表 3-2 CJ20 系列交流接触器的主要技术参数

型号	主触点额定电流（A）AC-3	额定电压（V）	辅助触点额定电流（A）	吸引线圈额定电压（V）	380V 时控制电动机最大功率（kW）	操作频率（次/h）
CJ20—10	10	380/220	5	36、127、220、380	4	1200
CJ20—25	25	380/220	5		11	
CJ20—40	40	380/220	5		22	
CJ20—63	63	380/220	5		30	
CJ20—100	100	380/220	5		50	
CJ20—160	160	380/220	5		85	
CJ20—250	250	380/220	5		132	600
CJ20—250/06	250	660	5		190	
CJ20—630	630	380/220	5		300	

四、交流接触器的选用

选用接触器时，首先应根据所控制的电动机或负载电流类型来选择接触器类型（交流或直流）。确定为交流接触器后，按以下规则进行选择。

（1）接触器额定电压大于或等于被控电路的额定电压，即：

$$U_{\text{N接触器}} \geqslant U_{\text{N被控电路}}$$

（2）主触点额定电流大于被控制电路的额定电流，即：

$$I_{\text{N主触点}} \geqslant I_{\text{N被控电路}}$$

（3）吸引线圈的额定电压等于所控制电路的额定电压，即：

$$U_{\text{N吸引线圈}} = U_{\text{N被控电路}}$$

（4）接触器的触点数量、种类等要满足控制电路的要求。

想一想

不同系列交流接触器的适用范围

（1）CJX1 系列交流接触器主要用于交流 50Hz 或 60Hz、额定工作电压至 1000V，在 AC-3 使用类别下，额定工作电压为 380V 时额定工作电流至 475A 的电路中，供远距离接通和分断电路或频繁启动和控制交流电动机，并可与适当的热过载继电器组成电磁启动器，

以保护可能发生过载的电路。产品符合 GB14048.4 和 IEC60947-4-1 等标准。

（2）CJX2 系列交流接触器主要用于交流 50Hz 或 60Hz，额定绝缘电压 690V,在 AC-3 使用类别下，额定工作电压 380V 时额定工作电流至 620A 的电力系统中，供远距离接通和分断电路及频繁地启动和控制交流电动机。并可与适当的热过载继电器或电子式保护装置组合成电磁启动器，以保护可能发生过载的电路。

（3）CJX5 系列交流接触器适用于交流 50Hz 或 60Hz，额定工作电压至 660V，额定工作电流至 100A 的电力线路中，用作远距离接通及分断电路和频繁启动及控制交流电动机。

交流接触器主触点的额定电流和吸引线圈的额定电压选择，除了需满足 $I_{N主触点} \geqslant I_{N被控电路}$，$U_{N吸引线圈} = U_{N被控电路}$ 外，还应注意使用场合。

① 用于控制电动机时，电动机额定电流不应超过接触器额定电流，用于控制可逆或频繁启动的电动机时，接触器要增大一至二级使用。

② 一般电路，吸引线圈的额定电压多用 380V 或 220V，对复杂、有低压电源场合、工作环境特殊时，也可选用 36V、127V 等。

练一练

（1）思考交流接触器如何安装。

（2）电磁式交流接触器由__________、_________、__________等 3 部分组成。

（3）电磁式交流接触器的线圈电压_______控制电路工作电压。

（4）电磁式交流接触器触点的动作，取决于线圈的_________。

任务十一　认识中间继电器

继电器是一种小信号控制电器，它利用一定的信号（电流、电压、速度、时间等）来接通和分断小电流电路，广泛应用于电动机或线路的保护及各种生产机械的自动控制。继电器一般都不直接用来控制主电路，而是通过接触器或其他开关设备对主电路进行控制，因此继电器载流容量小，一般不需要灭弧装置。继电器结构简单、体积小、重量轻，但对其动作的灵敏度和准确性要求较高，常用中间继电器的外观如图 3-7 所示。

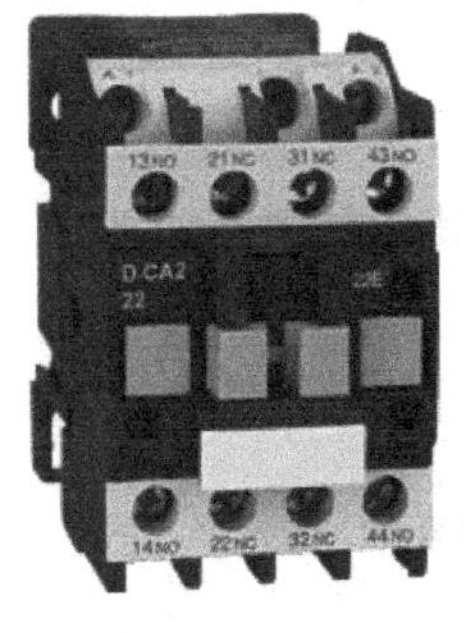

（a）CA2 系列中间继电器

（b）JZ7 系列中间继电器

图 3-7　中间继电器的外观

继电器的种类很多，本书主要介绍中间继电器、电流继电器、电压继电器、时间继电器、热继电器和速度继电器。

中间继电器可以将一个输入信号变成多个输出信号，用来增加控制回路或放大信号，因为其在控制电路中起中间控制作用，故称为中间继电器。

一、中间继电器结构

中间继电器实质上是一种电压继电器，其结构和工作原理与接触器相同。但它的辅助触点数量较多，无主触点（无大电流触点）和灭弧装置，其触点的额定电流较小（5A）。所以，它只能用于控制电路中。中间继电器的结构如图 3-8 所示。

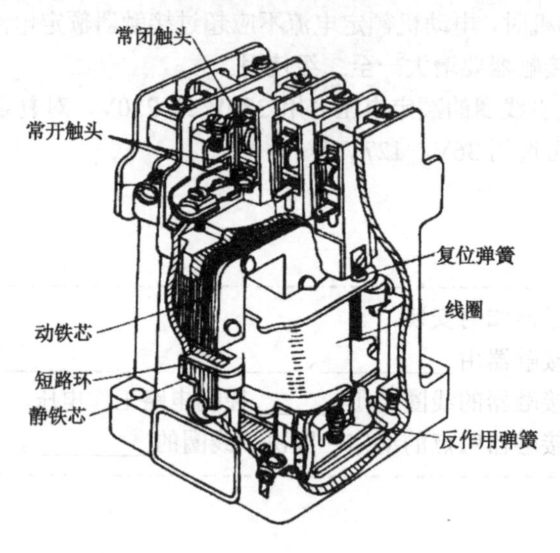

图 3-8　中间继电器的结构

二、中间继电器的电气符号

中间继电器的电气符号如图 3-9 所示。

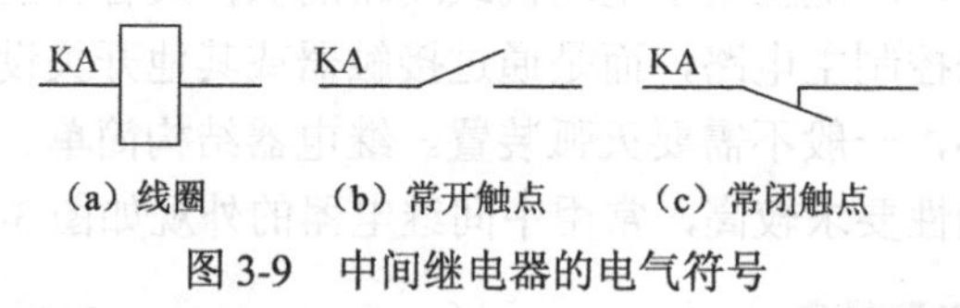

图 3-9　中间继电器的电气符号

三、中间继电器型号与技术参数

常用的中间继电器有 JZ7、JZ15、JZ17 等系列。其型号含义如下：

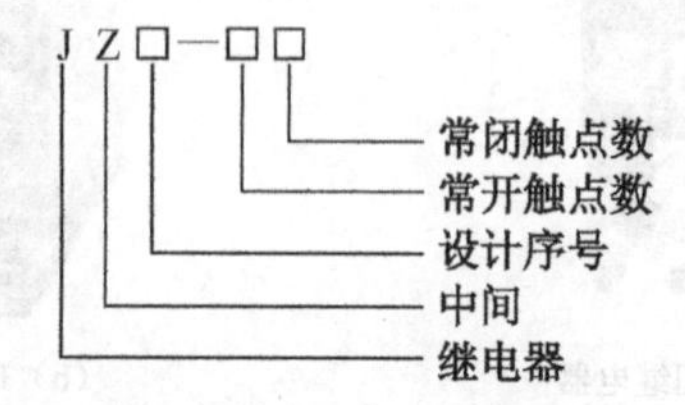

中间继电器的主要技术参数有触点额定电压、触点额定电流、吸引线圈电压等。表 3-3

为JZ7系列中间继电器的主要技术数据。

表3-3　JZ7系列中间继电器的技术参数

型号	触点额定电压（V）	触点额定电流（A）	触点数量		吸引线圈电压（V）	额定操作频率（次/h）
			常开	常闭		
JZ7—44	500	5	4	4	12、24、36、48	1200

四、中间继电器的选用

中间继电器的选用主要考虑触点的类型和数量，以及线圈额定电压的种类和数值，如表3-4所示。

中间继电器的安装方法和接触器类似。新型中间继电器触点闭合过程中动、静触点间有一段滑擦、滚压过程，可以有效地清除触点表面的各种生产膜及尘埃，减小了接触电阻，提高了接触可靠性，有的还装了防尘罩或采用密封结构，也是提供可靠性的措施。有些中间继电器安装在插座上，插座有多种形式可供选择，有些中间继电器可直接安装在导轨上，便于安装和拆卸。

表3-4　中间继电器的选用原则

中间继电器	触点容量	触点的额定电压及额定电流应大于控制线路所使用的额定电压及控制线路的工作电流
	触点的种类和数目	满足控制线路的需要
	电磁线圈的电压	与控制线路电源电压相等
	其他	考虑继电器使用过程中的操作频率；适合使用系统的工作制（长期、间断、反复工作制）

想一想

中间继电器在线路中的常见作用

在工业控制线路和现在的家用电器控制线路中，常常会有中间继电器存在，对于不同的控制线路，中间继电器的作用有所不同，其在线路中的作用常见的有以下几种。

（1）代替小型接触器。中间继电器的触点具有一定的带负荷能力，当负载容量比较小时，可以用来替代小型接触器使用，比如电动卷闸门和一些小家电的控制。这样的优点是不仅可以起到控制的目的，而且可以节省空间，使电器的控制部分做得比较精致。

（2）增加触点数量。这是中间继电器最常见的用法，在电路控制系统中一个接触器的触点需要控制多个接触器或其他元件时，为了便于维修（有时触点容量也不够），可以在线路中增加一个中间继电器。

（3）增加触点容量。我们知道，中间继电器的触点容量虽然不是很大，但也具有一定的带负载能力，同时其驱动所需要的电流又很小，因此可以用中间继电器来扩大触点容量。比如一般不能直接用感应开关、三极管的输出去控制负载比较大的电气元件，而是在控制线路中使用中间继电器，通过中间继电器来控制其他负载，达到扩大控制容量的目的

（4）转换触点类型。在工业控制线路中，常常会出现这样的情况，控制要求需要使用接触器的常闭触点才能达到控制的目的，但是接触器本身所带的常闭触点已经用完，无法

完成控制任务。这时可以将一个中间继电器与原来的接触器线圈并联，用中间继电器的常闭触点去控制相应的元件，转换触点类型，达到所需要的控制目的。

（5）开关。在一些控制线路中，一些电气元件的通断常使用中间继电器，用其触点的通或断来控制，如彩电或显示器中常见的自动消磁电路，三极管控制中间继电器的通断，从而达到控制消磁线圈通断的作用。

练一练

（1）中间继电器具有触点________、容量_______的特点。

（2）中间继电器在电路中最主要的作用是_______。

（3）中间继电器与接触器有何异同？

技能训练二　拆装交流接触器与中间继电器

一、拆装目的

（1）了解交流接触器和中间继电器的内部结构。

（2）熟悉交流接触器和中间继电器的工作原理。

（3）发挥学生主体性，培养学生学习、实际动手应用的能力；激发学生学习兴趣，培养学生的团队合作精神。

二、拆装过程

（1）观察单个交流接触器和中间继电器。

在实际电路中，观察接触器和中间继电器通电和失电后的变化，感性认识交流接触器和中间继电器的工作。

（2）按规定拆解交流接触器和中间继电器，保留好各个零部件和螺钉。

① 卸下灭弧罩；

② 拉紧主触头定位弹簧，将主触头侧转 45° 后，取下主触头和压力弹簧片；

③ 松开辅助常开静触点的螺钉，卸下常开静触点；

④ 用手按压底盖板，并卸下螺钉；

⑤ 取出静铁芯和静铁芯支架及缓冲弹簧；

⑥ 拔出线圈弹簧片，取出线圈；

⑦ 取出反作用弹簧；

⑧ 取出动铁芯和塑料支架，并取出定位销。

（3）把拆下来的各个部件整齐地摆放，并填写拆装记录表。

（4）教师检查拆装情况及记录表。

（5）按规定安装交流接触器和中间继电器，仔细把每个零部件和螺钉安装到位。

① 装上动铁芯和塑料支架，并安装定位销；

② 装上反作用弹簧；

③ 装上线圈，安装线圈弹簧片；

④ 装上静铁芯和静铁芯支架及缓冲弹簧；

⑤ 装上常开静触点，拧紧辅助常开静触头的螺钉；

⑥ 拉紧主触头定位弹簧，将主触头侧转 45° 后，装上主触头和压力弹簧片；

⑦ 用手按压底盖板，并卸下螺钉；

⑧ 装上灭弧罩。

（6）检测装好的接触器和中间继电器，自行调节接触功能。

三、安全注意事项

（1）检修、拆装交流接触器和中间继电器时，注意不要损坏元器件。

（2）在拆装元器件时，注意人身安全。

（3）经过维修的元器件在教师的指导下通电运行，确保其完好。

（4）严格遵守安全操作规程。

（5）拆装结束后，断电拆下所有元器件摆放整齐，检查无误后方可离开。

拆装记录表

电器名称		型号规格		拆装时间	
拆卸顺序	部件名称	部件作用	部件所用材料	部件为何用这种材料	

任务十二　选用热继电器

热继电器是利用电流的热效应对电动机及其他用电设备进行过载保护的保护电器，大部分热继电器除了具有过载保护功能以外，还具有断相保护、温度补偿、电流不平衡运行的保护等功能，常用的热继电器的外观如图 3-10 所示。

图 3-10　热继电器的外观

一、热继电器结构与电气符号

热继电器主要由热元件、触点、动作机构、复位按钮和整定电流调节装置等组成。其外形和结构及符号如图 3-11 所示。

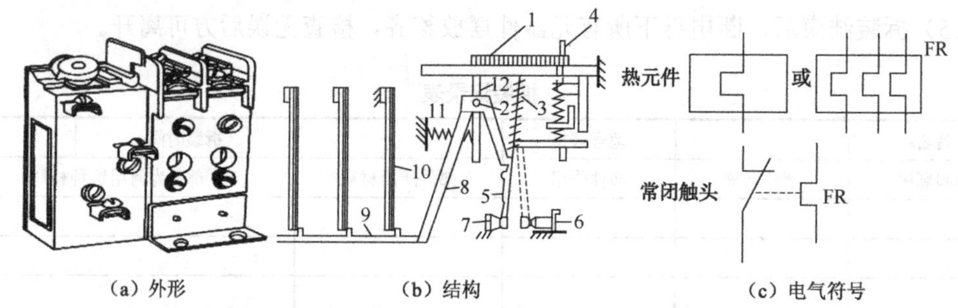

（a）外形　　（b）结构　　（c）电气符号

1—电流调节器；2—推杆；3—拉簧；4—手动复位按钮；5—动触点；6—调节螺钉；7—常闭静触点；8—温度补偿双金属片；9—导板；10—主双金属片；11—压簧；12—支撑杆

图 3-11　热继电器的外形和结构及电气符号

二、热继电器型号与技术参数

热继电器的主要技术参数有额定电流、相数、热元件额定电流、整定电流及调节范围等。热元件的额定电流是指热元件的最大整定电流值，热继电器的额定电流是指热继电器可以安装热元件的最大额定电流值。常用的电动机热保护继电器有 JR16、JR20、JR36 等系列热继电器，NRE6、NRE8 等系列电子式过载继电器。热继电器型号含义如下；

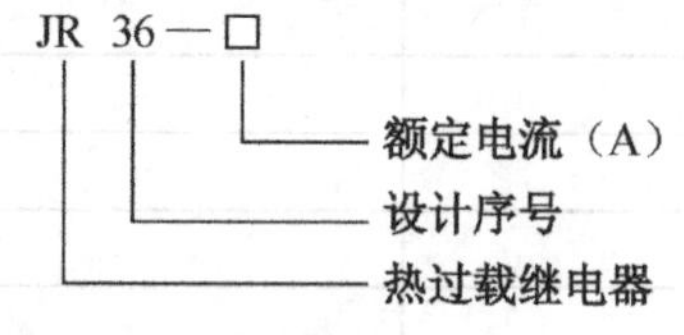

表 3-5 为 JR36 系列热继电器的主要参数。

表 3-5　JR36 系列热继电器的主要参数

型号	额定电流（A）	热元件规格	
		额定电流（A）	电流调节范围（A）
JR36-20	20	0.35	0.25～0.35
		11	6.8～11
		16	10～16

续表

<table>
<tr><th rowspan="2">型号</th><th rowspan="2">额定电流（A）</th><th colspan="2">热元件规格</th></tr>
<tr><th>额定电流（A）</th><th>电流调节范围（A）</th></tr>
<tr><td rowspan="2">JR36-32</td><td rowspan="2">32</td><td>16</td><td>10～16</td></tr>
<tr><td>32</td><td>20～32</td></tr>
<tr><td rowspan="2">JR36-63</td><td rowspan="2">63</td><td>22</td><td>14～22</td></tr>
<tr><td>63</td><td>40～63</td></tr>
</table>

三、热继电器的选用原则

热继电器的选用原则见表 3-6。

表 3-6　热继电器的选用原则

<table>
<tr><td rowspan="4">热继电器选用(保护长期工作或间断长期工作的电动机时)</td><td colspan="2">一般情况</td><td>整定电流=(0.95～1.05)I_N
(I_N——电动机额定电流)</td></tr>
<tr><td rowspan="2">Y—△启动电动机</td><td>热继电器安装在总进线时</td><td>整定电流= I_N
(I_N——电动机额定电流)</td></tr>
<tr><td>热继电器串在△运行电路中时</td><td>整定电流= $\frac{1}{\sqrt{3}}I_N$
(I_N——电动机额定电流)</td></tr>
<tr><td colspan="2">保护并联电容器的补偿性电动机</td><td>整定电流= $\frac{I_N\cos\varphi}{0.9}$
(I_N——电动机额定电流，$\cos\varphi$ ——电动机功率因数)</td></tr>
</table>

四、热继电器的常见故障

对于热继电器，其感测机构是热元件。其常见故障是热元件烧坏，或热元件误动作和不动作。

（1）热元件烧坏。这可能是由于负载侧发生短路，或热元件动作频率太高造成的。检修时应更换热元件，重新调整整定值。

（2）热元件误动作。这可能是由于整定值太小、未过载就动作，或使用场合有强烈的冲击及振动，使其动作机构松动脱扣而引起误动作造成的。

（3）热元件不动作。这可能是由于整定值太大，使热元件失去过载保护功能所致。检修时应根据负载工作电流来调整整定电流。

想一想

既然在电动机的主回路中装有熔断器，为什么还要装热继电器？装有热继电器是否可以不装熔断器？为什么？

熔断器在电路中起短路保护的作用，热继电器在电路中起过载保护的作用。虽然熔断器的熔断特性和热继电器有相似的地方，但由于熔断器作短路保护，所以选型时额定电流要比电动机的额定电流大得多，起不到过载保护的作用。同时热继电器的过载保护动作值是可调节的，而熔断器没有这个功能。另外，热继电器是靠双金属片在大电流下发热弯曲，最终使其触点分断来保护电路，该过程动作较慢，不能用来作短路保护，所以熔断器和热继电器不能相互取代使用。

练一练

（1）热继电器在控制电路中起________保护。

（2）当出现通风不良、环境温度过高而使电动机过热时，能否采用热继电器做保护？为什么？

（3）热继电器主要由_______、_______、________、________和________等组成。

（4）热继电器误动作，这可能是由于整定值________。

任务十三　认识时间继电器

时间继电器是利用电磁原理或机械动作原理实现触点延时闭合或延时分断的自动控制电器。其种类很多，有空气阻尼式、电磁式、电动式、电子式（晶体管、数字式）等。时间继电器的延时方式有通电延时型和断电延时型两种。

一、空气阻尼式时间继电器

空气阻尼式时间继电器又称气囊式时间继电器，是利用空气压缩产生的阻力来进行延时的，其结构简单，价格便宜，延时范围大（0.4s～180s）。常用的空气阻尼式时间继电器JS7—A 系列有通电延时和断电延时两种类型。

空气阻尼式时间继电器主要由电磁系统、工作触点、气室和传动机构等部分组成，其外形和结构如图 3-12 所示，其电气符号如图 3-13 所示。

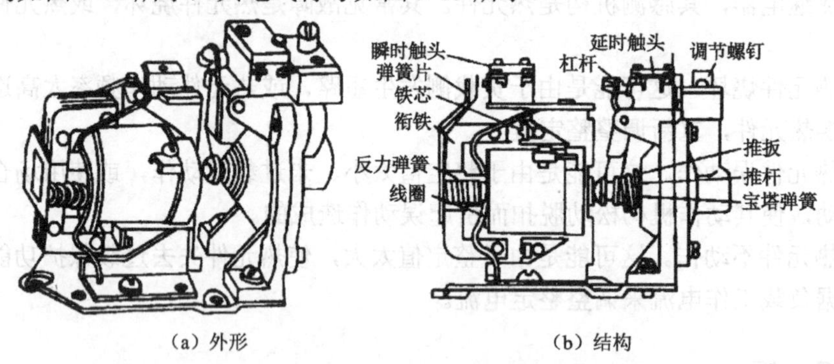

图 3-12　JS7 系列时间继电器的外形和结构

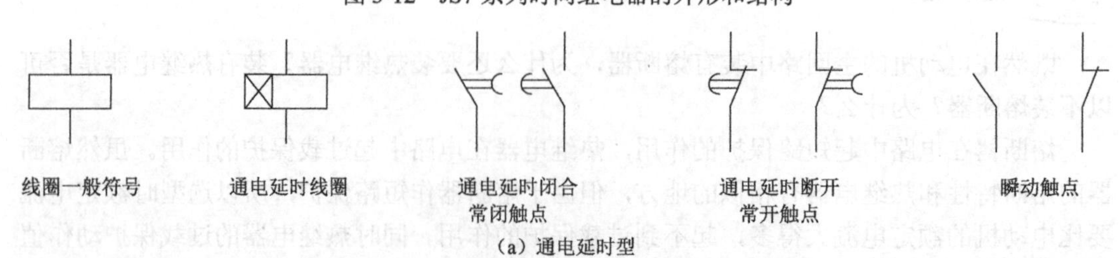

图 3-13　时间继电器电气符号

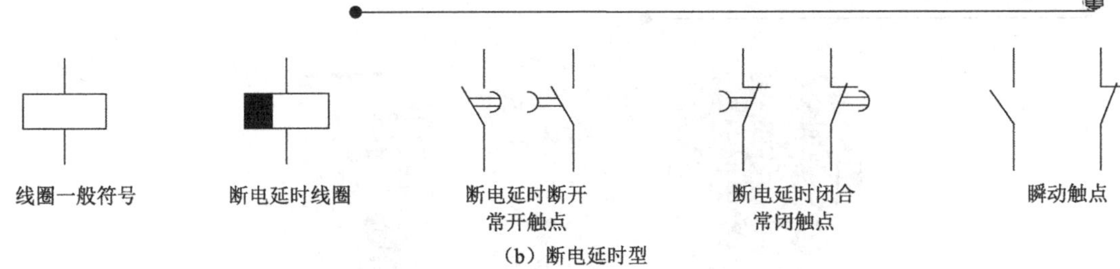

（b）断电延时型

图 3-13　时间继电器电气符号（续）

空气阻尼式时间继电器型号含义如下：

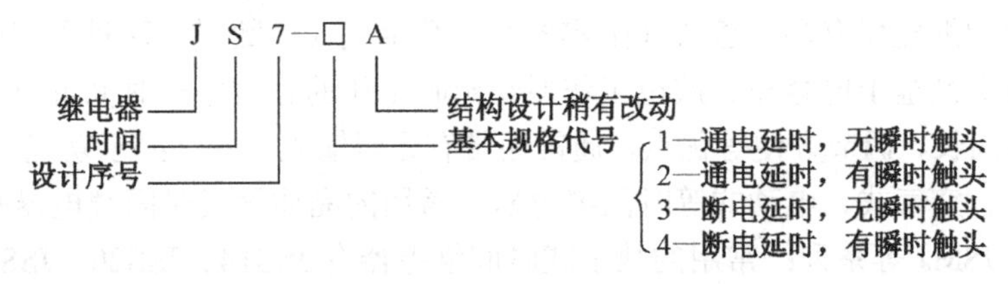

二、电磁式时间继电器

电磁式时间继电器延时时间短，结构比较简单，通常用在断电延时场合和直流电路中，由于准确度较低，故一般只用于要求不高的场合。下面以直流电磁式时间继电器为例说明其结构。在直流电磁式电压继电器的铁芯上增加一个阻尼铜套，即可构成时间继电器，其结构示意图如图 3-14 所示；带有阻尼铜套的铁芯示意图如图 3-15 所示。它是利用电磁阻尼原理产生延时的，由电磁感应定律可知，在继电器线圈通、断电过程中，铜套内将产生感应电动势，并流过感应电流，此电流产生的磁通总是反对原磁通变化。电器通电时，由于衔铁处于释放位置，气隙大，磁阻大，磁通小，铜套阻尼作用相对也小，因此衔铁吸合时延时不显著（一般忽略不计）。

而当继电器断电时，磁通变化量大，铜套阻尼作用也大，使衔铁延时释放而起到延时作用。因此，这种继电器仅用作断电延时。

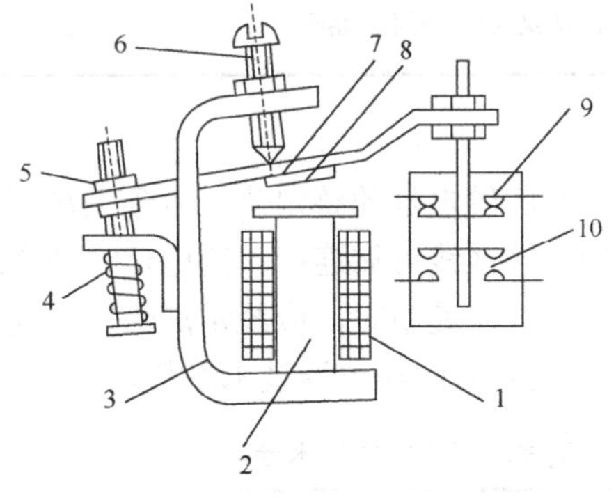

1—线圈；2—铁芯；3—铁轭；4—弹簧；5—调节螺母；
6—调节螺钉；7—衔铁；8—非磁性垫片；
9—常闭触头；10—常开触头

图 3-14　电磁式时间继电器结构示意图

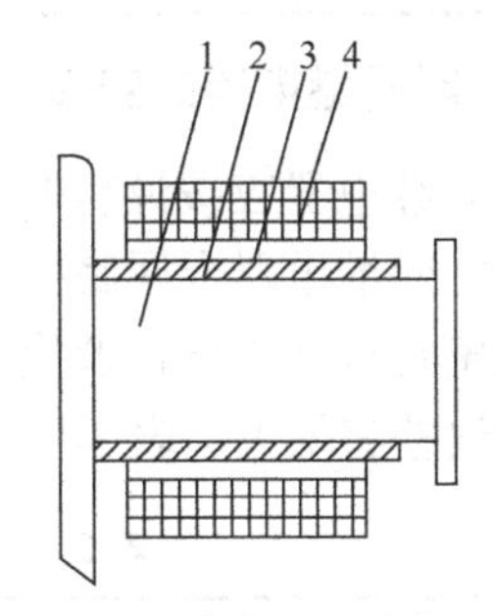

1—铁芯；2—阻尼铜套；3—绝缘层；4—线圈

图 3-15　带有阻尼铜套的铁芯示意图

三、电子式时间继电器

电子式时间继电器具有精度高、体积小、重量轻、寿命长、适用于频繁操作、延时整定方便、无触点等优点。其外观如图 3-16 所示。

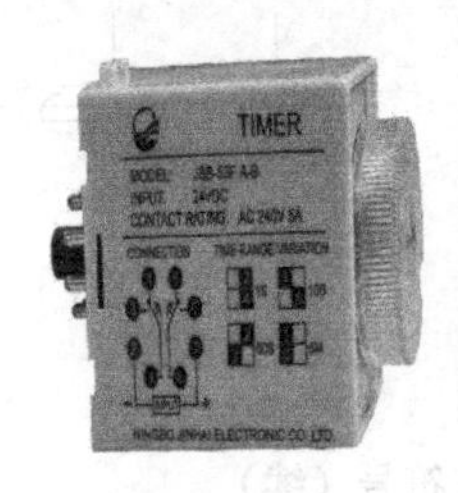

图 3-16 电子式时间继电器的外观

电子式时间继电器有晶体管式（阻容式）和数字式（计数式）两种不同的类型。晶体管式时间继电器是基于电容充、放电工作原理延时工作的。数字式时间继电器具有定时精度高、延时时间长、调节方便等优点，通常还带有数码输入、数字显示功能，应用范围广，可取代阻容式、空气式、电动式等时间继电器。常用的晶体管式时间继电器有 JSJ、JS14、JS20、JSCF、JSMJ 等系列；常用的数字式时间继电器有 JSS14、JSS20、JSS48、JS11S 等系列。

四、时间继电器的选用

1. 时间继电器选用原则

时间继电器的选用原则见表 3-7。

表 3-7 时间继电器的选用原则

	选择参数	选择依据
时间继电器的选用	类型	根据工作环境选择。在延时精度要求不高的场合，一般可选用价格较低的空气阻尼式时间继电器。反之，对精度要求高的场合，可选用电子式时间继电器
	延时方式（通电延时或断电延时）	根据被控制线路的实际要求选择
	线圈(或电源)的电流种类和电压等级	根据被控制电路选择，等级应与控制电路相同

2. 时间继电器的安装

时间继电器应按说明书规定的方向安装；时间继电器的整定值，应预先在不通电时整定好；时间继电器金属底板上的接地螺钉必须与接地线可靠连接；通电延时型和断电延时型可在整定时间内自行调换，把线圈转 180° 即可；使用时，应经常清除灰尘及油污，否则延时误差将增大。表 3-8 为 JS7—A 型空气阻尼式时间继电器技术参数。

表 3-8 JS7—A 系列空气阻尼式时间继电器技术参数

型号	触点额定容量		吸引线圈电压（V）	延时触点对数				瞬时动作触点数量		延时范围（s）
				通电延时		断电延时				
	电压（V）	电流（A）		常开	常闭	常开	常闭	常开	常闭	
JS7—1A	380	5	36、127 220、380	1	1					0.4～60 及 0.4～180
JS7—2A				1	1			1	1	
JS7—3A						1	1			
JS7—4A						1	1	1	1	

五、时间继电器的参数调整

对于电子式时间继电器，面板上有个可调电阻的旋钮，转动该旋钮可以调整时间参数；对于阻尼式时间继电器，面板的前端有个螺钉，通过调节螺钉来控制时间。

想一想

时间继电器除了常见的线圈故障、铁芯故障和触点故障之外，还有哪些故障呢？

除上述故障外，还有中间机构故障。对于空气式时间继电器，其中间机构主要是气囊。其常见故障是延时不准。这可能是由于气囊密封不严或漏气，使动作延时缩短，甚至不延时；也可能是气囊空气通道堵塞，使动作延时变长。修理时，对于前者应重新装配或更换新气囊，对于后者应拆开气室，清除堵塞物。

练一练

（1）通电延时的时间继电器线圈通电时，其常开延时触头__________，常闭延时触头_______，线圈断电，其常开触点________，常闭触点___________。

（2）时间继电器在控制电路中的作用是什么？

（3）分别画出断电延时时间继电器、通电延时时间继电器的电磁线圈和各种延时触点的图形和文字符号。

任务十四　认识速度继电器

速度继电器又称反接制动继电器。根据电磁感应原理制成，速度继电器在控制电路中的作用是当电源的相序改变以后，产生与实际转子转动方向相反的旋转磁场，从而产生制动力矩，使电动机在制动状态下迅速降低速度，当电机转速接近零时立即发出信号，切断电源，停止设备的运行，以达到控制电路的要求，保证电动机可靠停车，广泛用于机床控制电路中，常用速度继电器的外形如图 3-17 所示。

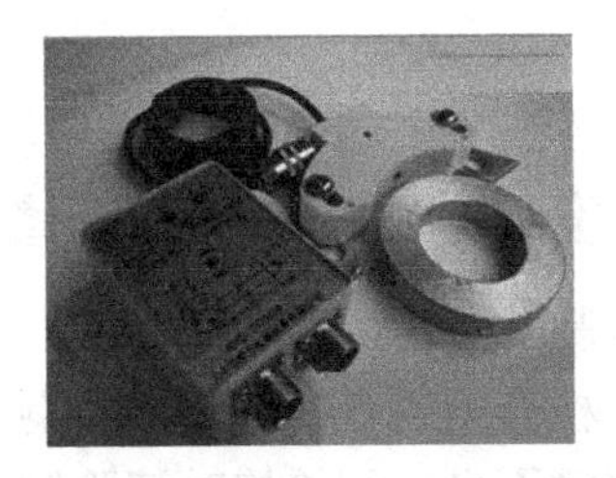

图 3-17　速度继电器的外形

一、速度继电器结构与符号

速度继电器主要由用永磁铁制成的转子、用硅钢片叠成的铸有笼形绕组的定子、支架、摆杆和触点系统等组成，其中转子与被控电动机的转轴相接。速度继电器的外形、结构及电气符号如图 3-18 所示。电气符号中的“n”可以用“$n>$”表示正转，“$n<$”表示反转。

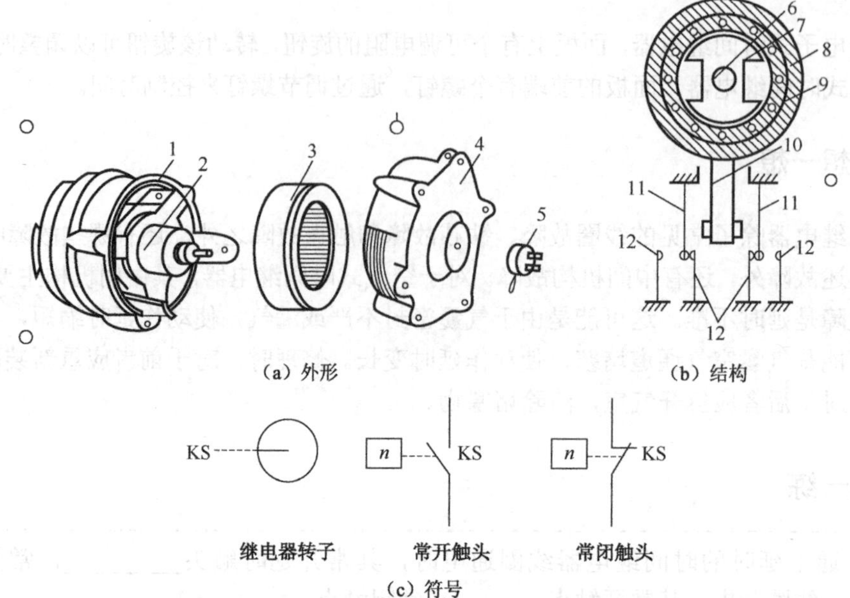

（a）外形　（b）结构

（c）符号

1—可动支架；2—转子；3—定子；4—端盖；5—连接头；6—电动机轴；
7—转子（永久磁铁）；8—定子；9—定子绕组；10—胶木摆杆；11—簧片（动触点）；12—静触点

图 3-18　速度继电器的外形、结构及电气符号

二、速度继电器型号与技术参数

在选用速度继电器时，主要根据所需控制的转速大小、触头数量和电压来选用。常用的速度继电器有 JY1 型和 JFZ0 型。JY1 型速度继电器的主要技术参数如表 3-9 所示。

表 3-9　JY1 型速度继电器的主要技术参数

工作时	制动时	复位转速
允许被控电动机转速为 1000～3600 r/min	动作转速一般不低于 120r/min	不高于 100r/min

速度继电器的转轴应与电动机同轴连接，且使两轴的中心线重合；速度继电器安装接线时，应注意正反向触头不能接错；速度继电器的金属外壳应可靠接地。

想一想

电气控制柜中速度继电器的故障及维修

速度继电器的故障主要表现为电动机制动时不能制动停转。

检修要点：拆开速度继电器的后盖，检查是否是触头接触不良原因所致，或是螺钉调整不当或胶木摆杆断裂所致。若是触头接触不良，则检修时清除触头污物，用油光锉锉平其表面氧化层，并加以紧固；若是胶木摆杆断裂，则更换胶木摆杆或速度继电器；若是速度继电器设定值过高，致使过早的撤除了反接制动，则应通过调节整定螺钉来调节速度继电器的动作值，从而调整制动效果，满足设备控制要求。

练一练

（1）速度继电器是反映转速和转向的继电器，其主要作用是以＿＿＿＿＿的快慢为指令信号。

（2）控制线路中，速度继电器所起的作用是（　　）。

A．过载保护　　　　B．过压保护

C．欠压保护　　　　D．速度检测

任务十五　认识电流继电器

电流继电器是根据输入电流大小而动作的继电器。其线圈串联接入主电路，用来感测主电路的电流；触点接于控制电路，为执行元件。按电流动作分类，常用的电流继电器有过电流继电器和欠电流继电器两种，常用电流继电器的外观如图 3-19 所示。

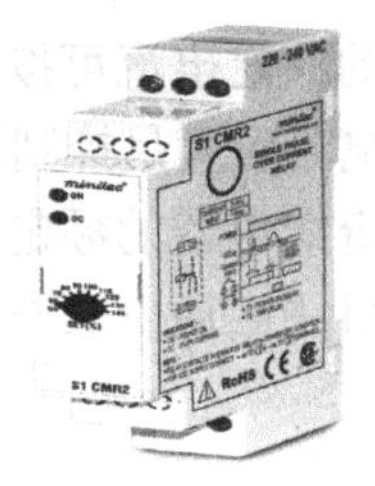

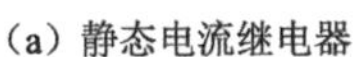

（a）静态电流继电器　　（b）单相过电流继电器　　（c）欠电流继电器

图 3-19　电流继电器的外观

一、电流继电器的作用与工作原理

电流继电器的作用及其工作原理见表 3-10。

表 3-10　电流继电器的作用与工作原理

电流继电器	在电路中的作用	工作原理	工作电流的整定范围
过电流继电器	过电流保护	在电路正常工作时不动作，当被保护线路的电流高于额定值，达到过电流继电器的整定值时，衔铁吸合，触点机构动作，控制电路失电	交流过电流继电器为额定电流的110%～350%，直流过电流继电器为额定电流的 70%～300%
欠电流继电器	欠电流保护	在电路正常工作时，衔铁是吸合的，只有当电流降低到某一整定值时，继电器释放，控制电路失电，从而控制接触器及时分断电路	吸引电流为线圈额定电流的 30%～65%，释放电流为额定电流的 10%～20%

二、电流继电器型号与电气符号

常用的电流继电器有 JT10、JT12、、JT14、JT18 等系列。电流继电器的主要技术参数包括线圈额定工作电流、触点工作电压、动作电流等。JT14 系列电流继电器型号含义如下：

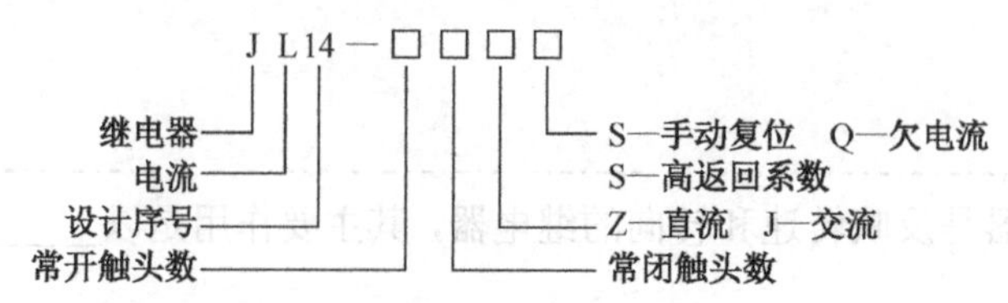

电流继电器的电气符号如图 3-20 所示。

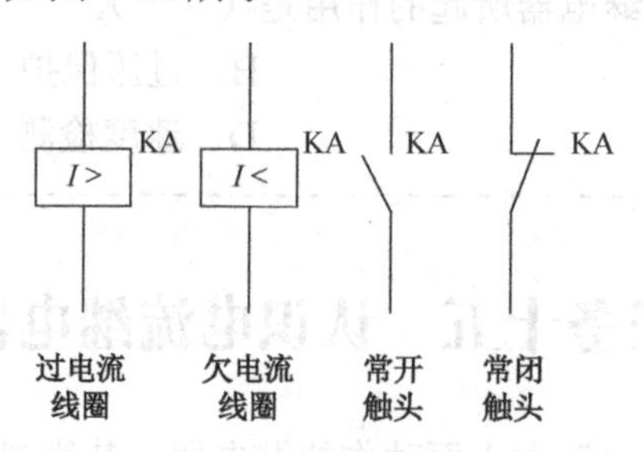

图 3-20 电流继电器电气符号

三、电流继电器的选用与安装

电流继电器的选用：电流继电器的额定电流可按电动机长期工作的额定电流来选择；电流继电器的触头种类、数量、额定电流应满足控制线路要求。

电流继电器的安装：安装前应检查继电器的额定电流和整定电流值是否符合要求；安装后应在触头不通电的情况下，使吸引线圈通电操作几次；定期检查继电器各零部件是否有松动及损坏现象。

想一想

能否用过电流继电器取代热继电器进行过载保护，为什么？

过电流继电器的线圈与被测量电路串联。当线圈中的电流超过预定值时，引起触头动作切断电源。这个过程没有温度上升带来的延时，它用于电机和主电路的短暂冲击性严重过载和短路保护。热继电器是热元件温度升高到一定值才动作，这个过程有温度上升带来的延时，它用于电机一般性过载保护。如果用过电流继电器作为电机的过载保护，必须选用其动作电流大于电机的启动电流，而不是电机的额定电流。因为电机启动时，启动电流是额定电流的4～7倍，否则电机一启动就会使过电流继电器动作。但是，过电流继电器的动作电流大于电机启动电流时，如果电机过载电流没有超过启动电流，过电流继电器是不会动作的。这就失去了过载保护作用。实际工作中，如果电机存在短暂严重过载情况的可能性（如起重电机），那就要选用过电流继电器，但是，过电流继电器不单独用作电机的过载保护，而是与热继电器配合使用。

练一练

（1）电压继电器和电流继电器在电路中各起什么作用？它们的触点和线圈各接于什么电路中？

（2）电流继电器有________和________两种。

（3）电流继电器的线圈与被测量电路________。
（4）过电流继电器当线圈中的电流超过______值时，触头________。

任务十六　认识电压继电器

电压继电器是根据输入电压大小而动作的继电器。电压继电器的线圈与负载并联以反映负载电压，其线圈匝数多，导线细。电压继电器可分为过电压继电器、欠电压继电器和零电压继电器，常用电压继电器的外观如图 3-21 所示。

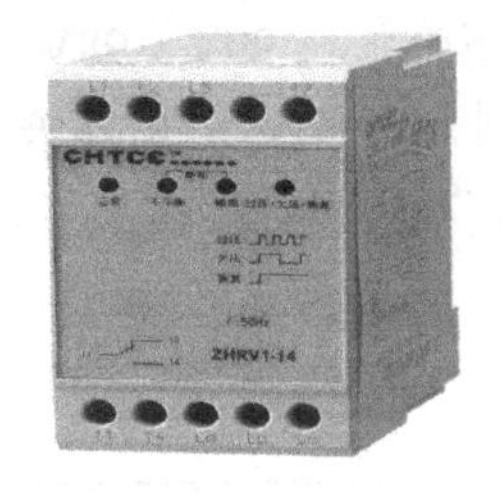

图 3-21　电压继电器的外观

一、电压继电器的作用与工作原理

表 3-11　电压继电器的作用与工作原理

电压继电器	在电路中的作用	工作原理	工作电压的整定范围
过电压继电器	过压保护	当被保护的线路电压正常时，衔铁不动作；当被保护线路的电压高于额定值，达到过电压继电器的整定值时，衔铁吸合，触点机构动作，控制电路失电，控制接触器及时分断被保护电路	吸合整定值为被保护线路额定电压的 105%～120%倍
欠电压继电器	欠电压保护	当被保护线路电压正常时，衔铁可靠吸合；当被保护线路电压由于某种原因降压过多或暂时停电时，衔铁释放，触点机构复位，控制接触器及时分断被保护电路。	其释放整定值为线路额定电压的 30%～50%倍
零电压继电器	失压保护		其释放整定值为额定电压的 7%～20%

二、电压继电器型号与电气符号

常用的电压继电器有 DJ-100、DJ-20C、DY-30 等系列和由集成电路构成的 JY-10、JY-20、JY-30 系列静态继电器（过电压、欠电压）。电压继电器的电气符号如图 3-22 所示。

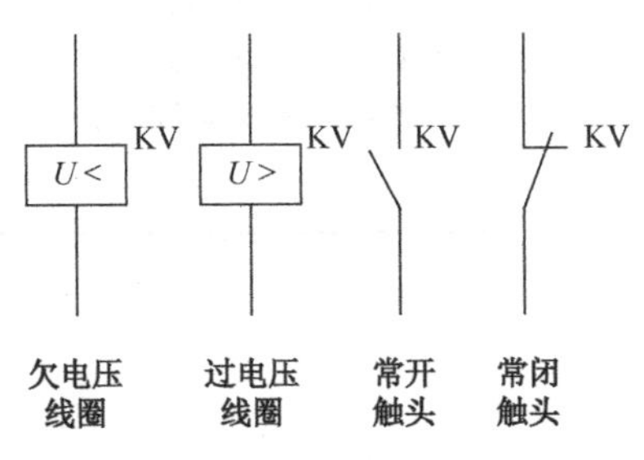

图 3-22　电压继电器电气符号

三、电压继电器的选用

电压继电器的选用主要根据继电器线圈的额定电压、触头的数目和种类进行。电压继电器安装使用等知识，与电流继电器类似。

想一想

电压继电器的返回系数

假设动作电压为100V，当电压从0逐渐升高达到100V时，衔铁吸合，触点动作，这时的100V称为“动作电压”。如果电压保持100V，继电器就会一直吸合。

当电压从100V缓慢下降，在99V、98V、97V，继电器仍会保持吸合状态，在下降到96V、95V……，或许降到80V时，继电器突然释放。这时的80V就称为“返回电压”。返回电压除以动作电压就是“返回系数”。

练一练

（1）电压继电器线圈与电流继电器线圈相比特点是什么？为什么会有这样的特点？

（2）欠电压继电器实现保护时，是通过触点的动作还是触点复位来实现电路的断开？为什么？

（3）过电压继电器实现保护时，是通过触点的动作还是触点复位来实现电路的断开？为什么？

（4）零压和失压有何异同？

项目三　知识点、技能点、能力测试点

知识点	技能点	能力测试点
1．交流接触器结构与作用 2．交流接触器工作原理 3．交流接触器选择 4．中间继电器结构与作用 5．中间继电器选择 6 热继电器结构与作用 7．热继电器工作原理 8．热继电器选择 9．时间继电器作用 10．空气阻尼式结构与工作原理 11．速度继电器结构与原理 12．电流、电压继电器作用	1．交流接触器安装与使用 2．中间继电器安装与使用 3．热继电器安装与使用 4．热继电器定值调整 5．时间继电器使用 6．速度继电器使用 7．电流、电压继电器使用 8．常见接触器、继电器的维护 9．常见接触器、继电器技术数据	1．交流接触器选用 2．中间继电器选用 3．热继电器选用 4．时间继电器选用 5．速度继电器选用 6．电流、电压继电器选用

项目四

主令电器应用

学习指南

主令电器是指自动控制系统中用来发出信号指令的操纵电器，信号指令将通过继电器、接触器和其他电器的动作，接通和分断被控制电路，以实现电动机和其他生产机械的远距离控制。常用的主令电器有按钮、行程开关、万能转换开关、主令控制器、脚踏开关等。

本项目所涉及的主令电器比较简单，容易掌握。学习中要仔细、重复观察主令电器，通过拆装熟悉其结构，并能分析、说明其工作原理和使用要求；特别要学会主令电器的选用原则并能熟练选择。

项目学习目标

任务	重点	难点	关键能力
控制按钮	1. 主令电器用途 2. 按钮结构与动作过程 3. 按钮符号 4. 按钮技术参数 5. 常用型号	1. 按钮常开触点、常闭触点、复合触点的特点及运用 2. 按钮的选择	1. 按钮选用 2. 按钮安装
行程开关	1. 行程开关种类和用途 2. 行程开关结构和动作过程 3. 行程开关符号 4. 行程开关技术参数 5. 常用型号	1. 不同种类行程开关工作原理 2. 行程开关选择	1. 区分按钮与行程开关的用途和使用 2. 行程开关的选用 3. 行程开关安装

任务十七　控制按钮应用

一、作用

按钮是一种结构简单的手动控制电器。在控制电路中用于短时间接通或断开小电流电路，向其他电器发出指令性的电信号，控制其他电器（如接触器、继电器等）动作，再由它们去控制主电路。

常用按钮的外形如图4-1所示。

图4-1　按钮的外形

二、类型与结构

1. 类型

按钮的结构形式和操作方法多种多样，可以满足不同控制系统和工作场合的要求。

（1）按功能分为自动复位和带锁定功能两种。

（2）按结构分为单个按钮、双钮和三钮。

（3）按操作方式分为一般式、蘑菇头急停式、旋转式和钥匙式等。

（4）按颜色分为红、绿、黑、黄、蓝、白、灰等，通常红色为停止按钮。

2. 结构

按钮主要由按钮帽、复位弹簧、动断触点（常闭触点）、动合触点（常开触点）、接线桩及外壳等组成，其结构如图4-2所示。

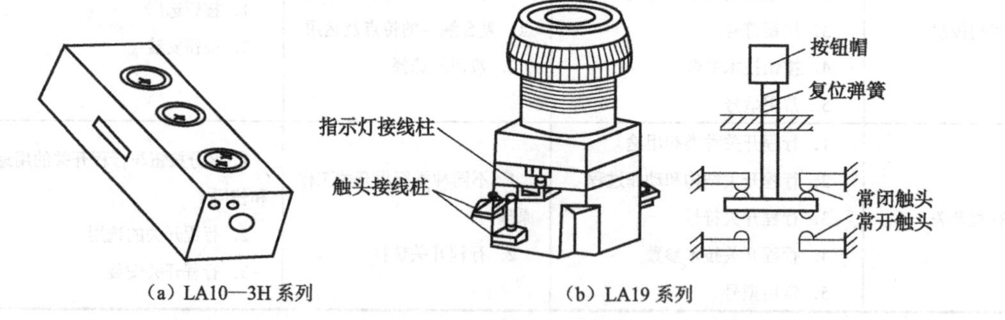

（a）LA10—3H系列　　（b）LA19系列

图4-2　按钮的结构

按钮的工作原理：对于自复式按钮，按下按钮，动断触点先断开，通过一定行程后动合触点再闭合；松开按钮，复位弹簧先将动合触点分断，通过一定行程后动断触点再闭合。对于带锁定的按钮，按下后，机械结构锁定，松手后不能自行复位，须再次按下后，锁定结构脱扣，松手后才能复位。

三、按钮的型号与电气符号

常用的按钮有LA2、LA4、LA10、LA18、LA19、LA20、LA25等系列。引进国外技

术生产的有 LAY3、LAY5、LAY8、LAY9 系列和 NP2、NP3、NP4、NP5、NP6 等系列。其中 LA18 系列按钮采用积木式结构，触点数量可按需要拼装。LA19 系列为按钮开关与信号灯的组合，按钮兼作信号灯灯罩，用透明塑料制成，作为工作状态、预警、故障及其他信号指示用。

按钮型号含义如下：

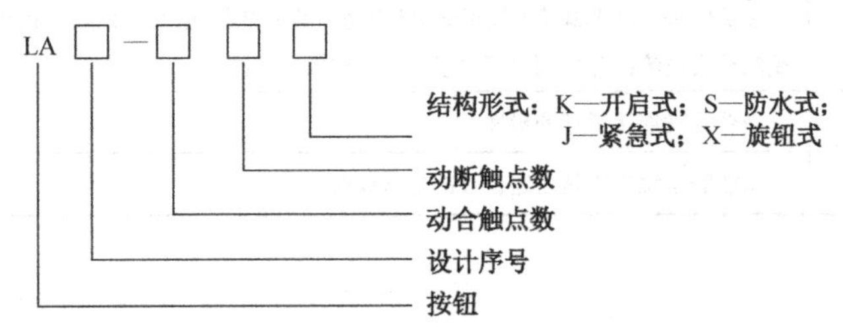

按钮的电气符号如图 4-3 所示。

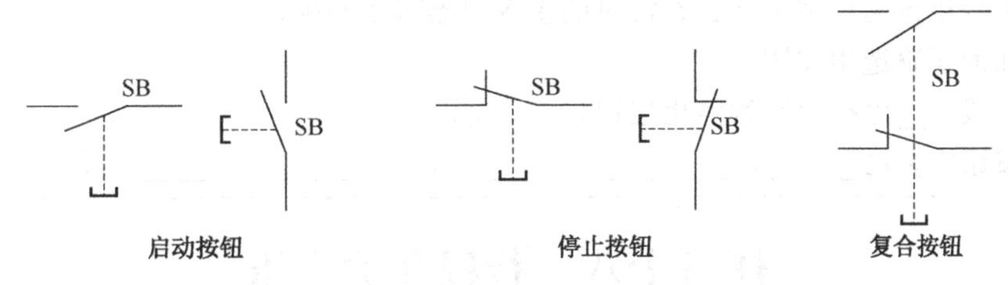

图 4-3　按钮的电气符号

四、按钮的技术参数与选用

1. 技术参数

按钮的主要技术参数有额定电压（380V AC/22V DC）、额定电流（5A）等。

2. 按钮的选用

按钮额定电压不小于线路工作电压；按钮的类型、结构形式、操作方式根据工作环境选择；按钮触点的类型、数量、颜色及是否需要指示灯，根据电路的需要决定。

想一想

按钮的常见故障

故障表现	故障原因	
按钮按下，触点不动作	触点接触不良	附着了垃圾，灰尘或有水进入
		受到周围有害气体的影响，触点表面产生了化学膜
		焊接时焊剂进入
		可能是内部的弹簧坏了
		可能是操作速度太慢，导致触点的切换不稳定
		可能是操作频率太低，导致触点表面产生氧化膜

续表

故障表现	故障原因
按钮松开，触点不复位	按钮有瞬时动作和交替动作，选择交替动作，需要再按按钮；瞬时动作：按钮按下，接点动作，按钮松开，触点复位；交替动作：按钮按下，触点动作，按钮松开，触点保持动作状态，再按按钮触点复位
	接点熔接：负载超过了接点的负载容量；电弧导致接点熔接了；浪涌电流超过了开关所能承受的最大电流；开关频率超过了允许操作频率范围
带灯按钮，指示灯不亮	是否正确连接了灯的极性
	施加的电源电压是否适合灯的电压规格

练一练

（1）主令电器的作用是什么？常见的主令电器有哪两种？

（2）如何正确选用按钮？

（3）一般____色按钮作为停止按钮。

（4）按钮主要由______、________、_______、________、________及_____等组成。

任务十八　行程开关应用

行程开关又称限位开关或位置开关，是用来限制机械运动行程的一种电器，它可将机械位移信号转换成电信号。行程开关的作用与工作原理和按钮类似，不同的是按钮靠手动操作，行程开关则是靠生产机械的某些运动部件与它的传动部位发生碰撞，令其内部触点动作，分断或切换电路，从而实现程序控制、改变运动方向、定位、限位及安全保护功能。常用行程开关的外形如图 4-4 所示。

（a）双轮防护式非自动复位行程开关

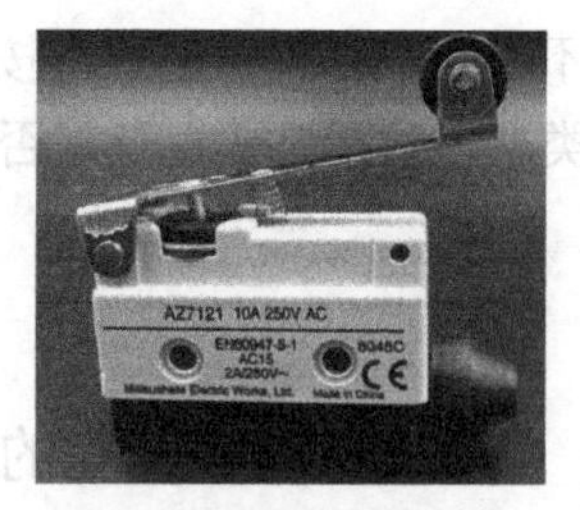

（b）高精度密封微动开关

（c）万向式弹簧摇杆型行程开关

（d）滚轮转臂式自动复位行程开关

图 4-4　行程开关的外形

一、行程开关结构与用途

1. 结构

为了适应生产机械对行程开关的碰撞，行程开关与生产机械的碰撞部分有不同的结构形式。LXK1 系列行程开关的外形、结构如图 4-5 所示，其中滚轮式又有单滚轮式和双滚轮式两种。

2. 行程开关的用途

在电气控制系统中，行程开关的作用是实现顺序控制、定位控制和位置状态的检测。用于控制机械设备的行程及限位保护。

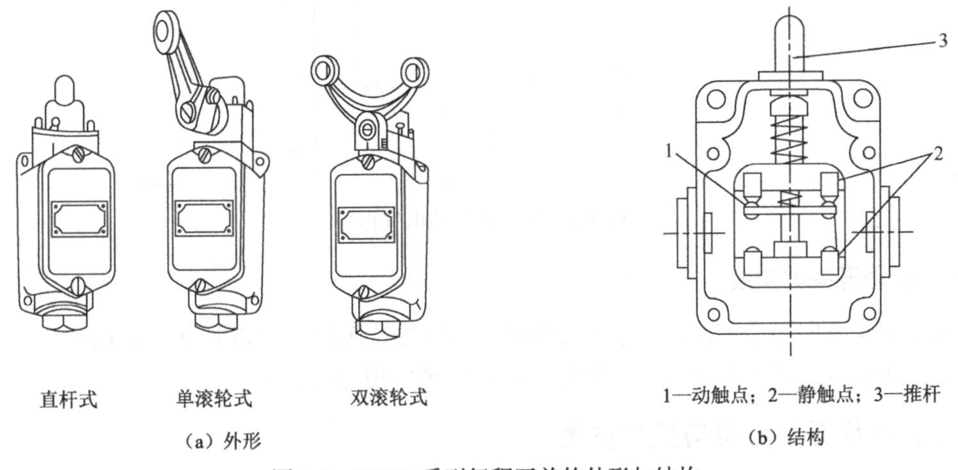

图 4-5　LXK1 系列行程开关的外形与结构

在实际生产中，将行程开关安装在预先安排的位置，当装于生产机械运动部件上的模块撞击行程开关时，行程开关的触点动作，实现电路的切换。因此，行程开关是一种根据运动部件的行程位置而切换电路的电器，它的作用原理与按钮类似。

行程开关广泛用于各类机床和起重机械，用以控制其行程、进行终端限位保护。在电梯的控制电路中，还利用行程开关来控制开关轿门的速度、自动开关门的限位、轿厢的上、下限位保护。

行程开关可以安装在相对静止的物体（如固定架、门框等，简称静物）上或者运动的物体（如行车、门等，简称动物）上。当动物接近静物时，开关的连杆驱动开关的接点引起闭合的接点分断或者断开的接点闭合。由开关接点开、合状态的改变去控制电路和机构的动作。

二、行程开关型号与电气符号

1. 型号

常用的行程开关有 LX2、LX19、LXK1、LXK3 等系列和 LXW5、LXW11 等系列微动行程开关。行程开关型号含义如下；

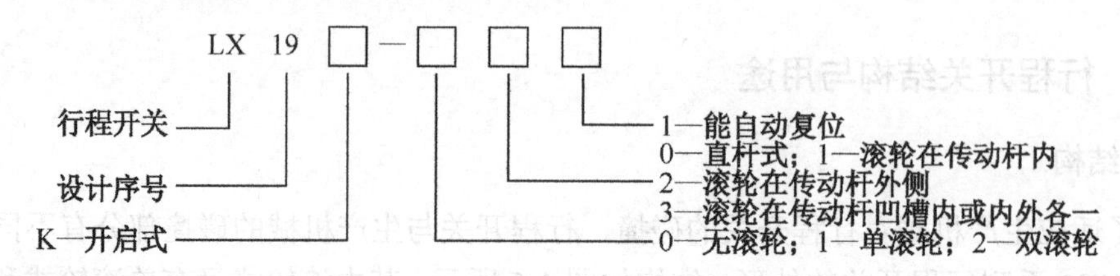

2．电气符号

行程开关的电气符号如图 4-6 所示。

3．行程开关的选用

应根据被控制电路的特点、设备运动要求及生产现场条件和触点数量等因素综合考虑。

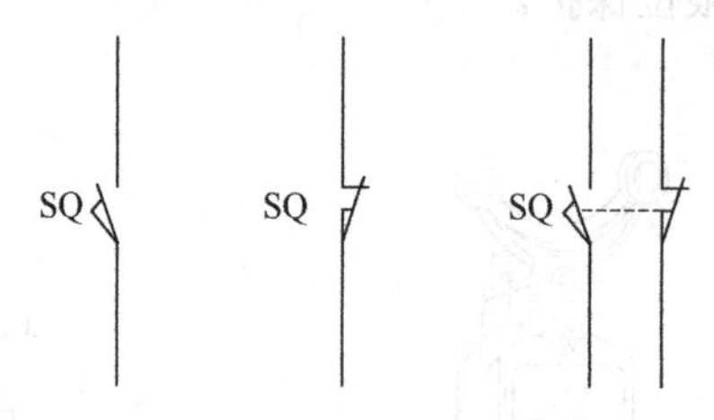

图 4-6 行程开关的电气符号

4．行程开关的安装

注意滚轮方向不能装反，与工作机械撞块碰撞位置应符合线路要求，滚轮固定应恰当，有利于工作机械经过预定位置或行程时能较准确地实现行程控制。

三、行程开关分类与技术参数

1．类型

（1）按外壳防护形式分为开启式、防护式及防尘式。
（2）按动作速度分为瞬动和蠕动。
（3）按复位方式分为自动复位和非自动复位。
（4）按接线方式分为螺钉式、焊接式及插入式。
（5）按操作头的形式分为直杆式、滚轮式、转臂式、万向式和双轮式。
（6）按用途分为一般用途行程开关、起重设备用行程开关及微动开关等多种。

2．技术参数

常用的 LX19 和 JLXK1 系列限位开关的主要技术参数见表 4-1。

表 4-1 LX19 和 JLXK1 系列限位开关的主要技术参数

型号	额定电压/V	额定电流/A	结构形式	触头对数常开	触头对数常闭	工作行程	超行程
LX19K	交流 380 直流 220	5	元件	1	1	3mm	1mm
LX19-001	同上	5	无滚轮，仅用传动杆，能自动复位	1	1	<4mm	>3mm

续表

型号	额定电压/V	额定电流/A	结构形式	触头对数常开	触头对数常闭	工作行程	超行程
LXKl9-111	同上	5	单轮，滚轮装在传动杆内侧，能自动复位	1	1	～30 度	～20 度
LXl9-121	同上	5	单轮，滚轮装在传动杆外侧，能自动复位	1	1	～30 度	～20 度
LXl9-131	同上	5	单轮，滚轮装在传动杆凹槽内	1	1	～30 度	～20 度
LXl9-212	同上	5	双轮，滚轮装在 U 形传动杆内侧，不能自动复位	1	1	～30 度	～15 度
LXl9-222	同上	5	双轮，滚轮装在 U 形传动杆外侧，不能自动复位	1	1	～30 度	～15 度
LXl9-232	同上	5	双轮，滚轮装在 U 形传动杆内外侧各一，不能自动复位	1	1	～30 度	～15 度
JLXK1-111	交流 500	5	单轮防护式	1	1	12 度～15 度	≤30 度
JLXK1-211	同上	5	双轮防护式	1	1	～45 度	≤45 度
JLXK1-311	同上	5	直动防护式	1	1	1～3mm	2～4mm
JLXK1-411	同上	5	直动滚轮防护式	1	1	1～3mm	2～4mm

想一想

接近开关

接近开关的外形如图 4-7 所示。

图 4-7 接近开关的外形

接近开关是一种无须与运动部件进行机械直接接触而可以操作的位置开关，当物体接近开关的感应面到动作距离时，不需要机械接触及施加任何压力即可使开关动作，从而驱动直流电器或给计算机（PLC）装置提供控制指令。接近开关是一种开关型传感器（即无触点开关），它既有行程开关、微动开关的特性，同时具有传感性能，且动作可靠，性能稳定，频率响应快，应用寿命长，抗干扰能力强，并具有防水、防震、耐腐蚀等特点。接近开关的类型有电感式、电容式、霍尔式、交流型和直流型。

接近开关又称无触点接近开关，是理想的电子开关量传感器。当金属检测体接近开关的感应区域时，开关就能无接触、无压力、无火花、迅速发出电气指令，准确反映出运动机构的位置和行程，即使用于一般的行程控制，其定位精度、操作频率、使用寿命、安装调整的方便性和对恶劣环境的适用能力，是一般机械式行程开关所不能相比的。它广泛应用于机床、冶金、化工、轻纺和印刷等行业。在自动控制系统中可作为限位、计数、定位控制和自动保护环节等。

练一练

（1）按钮和行程开关的区别是什么？

（2）接近开关是一种无须与运动部件进行机械_____接触而可以操作的位置开关。

（3）行程开关的作用是________、________和________。

（4）行程开关按操作头的形式分为_____、_____、_____、_____、_____。

项目四　知识点、技能点、能力测试点

知识点	技能点	能力测试点
1．按钮作用、特点 2．按钮结构与动作原理 3．常用按钮型号 4．按钮的选择原则 5．行程开关作用 6．行程开关结构与动作原理 7．行程开关常用型号 8．行程开关的选择原则	1．按钮安装、检修 2．行程开关安装、检修	1．按钮选用 2．行程开关选用

项目五

三相异步电动机启停控制

学习指南

三相异步电动机在生产实践中的运行，必须满足生产设备运动的要求，因此电动机的工作状态必须得到控制。本项目是电动机控制最基础的知识和技能，需要理解、掌握电动机启停控制的电气原理、控制设备的作用，以及控制线路安装工艺。学习中，应主动了解、熟记基本控制方式和线路，并能分析简单控制线路的工作原理，通过实验训练掌握控制线路安装工艺，对常见的生产设备启停控制进行收集和分析。

项目学习目标

任务	重点	难点	关键能力
三相异步电动机点动控制	1. 点动控制用途 2. 点动控制动作原理 3. 电路组成及各电器设备作用	1. 主电路、控制电路概念 2. 点动控制原理分析	点动控制原理分析
异步电动机长动控制	1. 长动概念 2. 控制电路基本保护环节 3. 电路分析	自锁及其作用	1. 控制电路动作过程分析 2. 绘制简单电路图
控制线路安装工艺	1. 常用电工工具使用 2. 控制线路安装工艺要求、安装步骤 3. 安全文明要求	1. 电气控制线路安装基本要求 2. 控制线路安装方法	1. 控制线路安装技能 2. 职业基本素养
异步电动机正反转控制	1. 电动机反转原理 2. 反转控制线路组成及原理分析 3. 互锁概念及作用	1. 互锁控制 2. 控制线路原理图绘制基本常识 3. 反转控制应用	1. 控制线路动作过程分析 2. 控制线路原理图绘制
异步电动机降压启动控制	1. 降压启动概念 2. 常见降压启动方式 3. Y-△和自耦变压器两种降压启动原理	1. Y-△和自耦变压器两种降压启动控制线路组成及各部分作用 2. 降压启动控制原理分析	1. Y-△和自耦变压器两种降压启动线路分析 2. 控制线路简单错误故障分析 3. 常用控制线路基本环节

任务十九　三相异步电动机点动控制

异步电动机通电运行中，可以通过不同的控制方式来满足生产任务对电动机工作状态的要求。继电器—接触器控制方式虽然存在通用性、灵活性较差，触点易产生故障，维修工作量较大等缺点，但这种控制方式具有电路图直观易懂、电气装置简单、价格便宜、抗干扰力强等优点，目前还被广泛用来控制三相异步电动机的运行。

有些工作场所，生产设备只作短距离移动，电动机也只需短时间通电工作，如电动葫芦起重电动机的控制、车床的快速移动等，这时可以采用点动控制方式，如图 5-1 所示。

（a）电动葫芦　　（b）立臂转床

图 5-1　点动控制应用

一、认识点动控制

1．点动控制线路组成

点动控制实际线路图如图 5-2 所示。

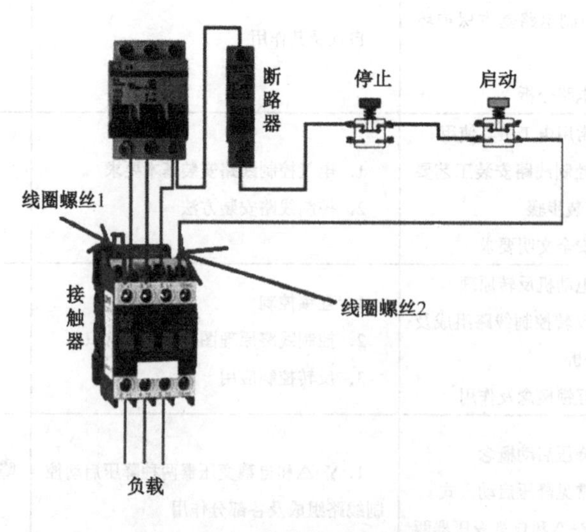

图 5-2　点动控制实际线路图

可以看出，点动控制线路由电源开关、熔断器、交流接触器及按钮等组成。

2. 各电气元器件的作用

电源开关作用：用来接通或断开电源。

熔断器：作电路的短路保护。

交流接触器：为一种遥控电气设备，用来接通或断开负载（如三相异步电动机）。

按钮：为一种主令电器，给出启动或停止指令。

二、点动控制原理分析

1. 电气控制原理图

为了便于表达电气控制线路的工作原理，便于控制线路的安装、调整、使用及维修，电气元器件均采用国家规定的图形符号和文字符号表示，并按元器件间的连接关系和工作原理绘制成电气原理图，如图 5-3 所示。

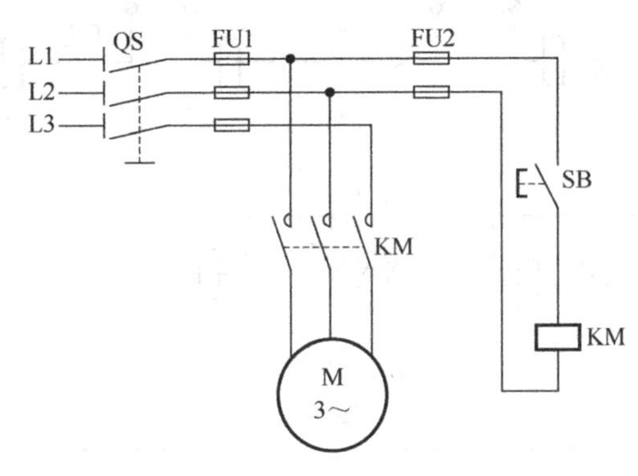

图 5-3　点动控制电气原理图

图 5-3 中 QS 为电源开关、SB 为控制按钮、KM 为交流接触器、FU 为熔断器。对于同一个设备由于电路连接关系不同，要画在电路的不同位置，如接触器线圈在控制电路中，主触点在主电路中。

主电路是为机电设备输送电源的电路。主电路也称一次线路，如电动机等执行机构的三相电源属于主电路。

控制电路是控制主电路工作状态的电路。控制电路也称二次电路，控制电路通过各种接触器或继电器线圈来实现对主电路的控制。

2. 点动控制动作过程分析

按下按钮（SB）→线圈（KM）通电→触头（KM）闭合→电机转动；按钮松开→线圈（KM）断电→触头（KM）打开→电机停转。

想一想

点动控制的用途

点动控制主要用于小型电动工具和小型机械设备距离调整等，主要是为了操作者、生产设备的安全及操作简便。例如，电钻、曲线锯、切割机、电刨、角磨机、小机床等，就是以点动控制为主的设备。

用于点动控制的电动机大多数是短时工作制，普通的鼠笼电动机不宜频繁点动。因为三相鼠笼电动机的启动电流较大（约为额定电流的4～7倍），频繁点动，控制接触器触点电磨损较大；且电动机定子绕组频繁接受电流冲击，对电动机的绝缘材料不利。

练一练

（1）点动控制线路由_________、_________、_________、_________等组成。

（2）什么是主电路？什么是控制电路？

（3）什么叫点动控制？

（4）哪些设备是采用的点动控制？

（5）判断图5-4中每个线路能否正常完成点动控制？

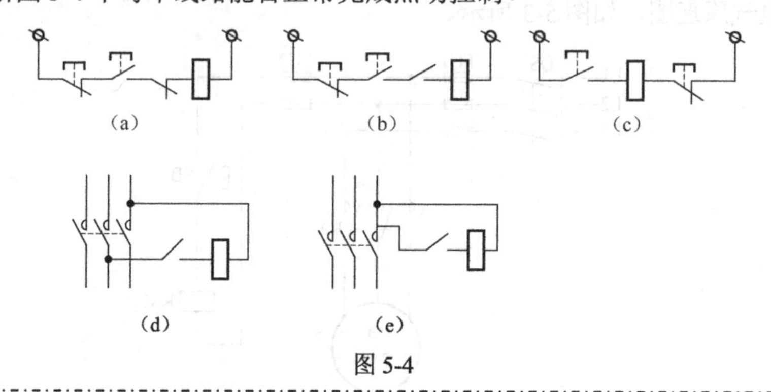

图5-4

任务二十　异步电动机长动控制

很多的工作场所都是连续进行生产，需要电动机长时间持续不断地运转，这就要求电动机长时间保持通电状态。

一、认识长动控制

1. 手动控制

如图5-5所示为三相异步电动机手动控制在生产实践中的具体应用。其单向旋转的控制线路如图5-6所示。

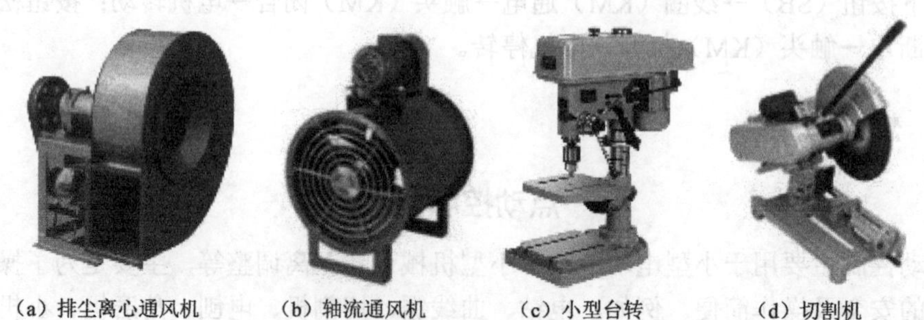

图5-5　三相异步电动机手动控制应用

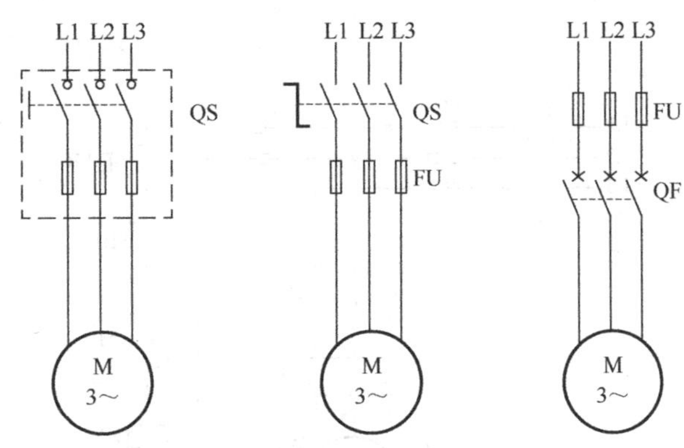

（a）开启式负荷开关控制　（b）组合开关控制　（c）低压断路器控制

图 5-6　单向旋转手动控制线路

动作过程分析：

合上电源开关 QS，电动机得电运转；断开电源开关 QS，电动机失电停止。

2. 接触器控制

手动控制线路简单，操作便捷，但操作不安全、不方便，不能实现自动控制，只用于小容量电动机的控制。在很多生产场所，都是用接触器来实现长动控制的，如图 5-7 所示的皮带输送机、机床的控制等。

（a）皮带输送机控制

（b）机床控制

图 5-7　长动控制应用

接触器长动控制电气原理图如图 5-8 所示。

长动控制动作过程分析：

合上电源开关 QS。

启动运行：按下按钮 SB2→KM 线圈得电→KM 主触点和自锁触点闭合→电动机 M 启动连续正转。

停车：按停止按钮 SB1→控制电路失电→KM 主触点和自锁触点分断→电动机 M 失电停转。

与点动控制相比，长动控制线路中在启动按钮两端并联了接触器的常开触头，当接触器 KM 线圈得电后，KM 常开触头闭合，接触器线圈仍能保持通电状态，这种依靠接触器自身辅助触头保持线圈通电的现象称为接触器自锁（又称自保持），从而实现了电动机的长动，即连续运转。

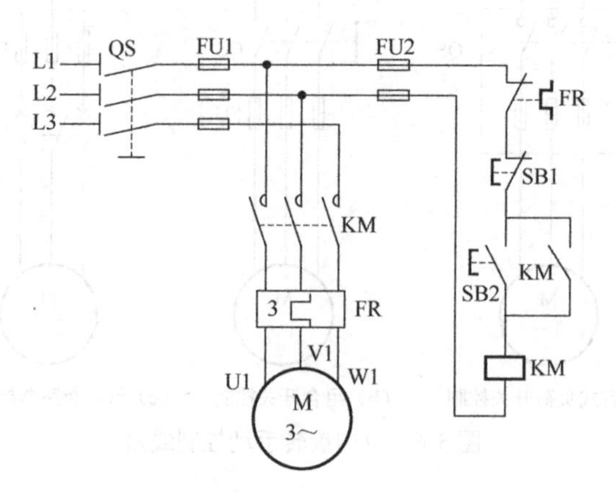

图 5-8　电动机长动控制电气原理图

接触器长动控制实际控制线路如图 5-9 所示。

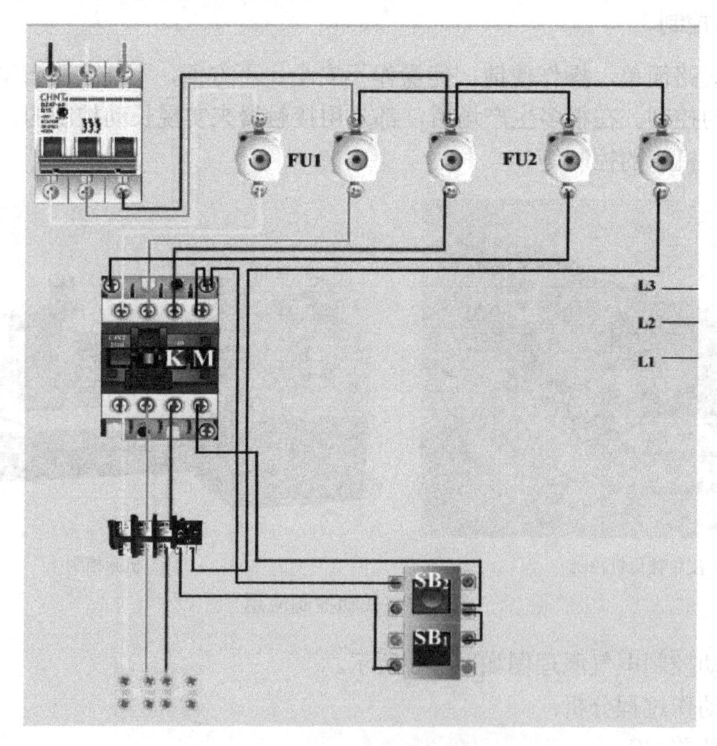

图 5-9　长动控制实际控制线路示例

从实际的长动控制线路图 5-9 中可以看出，要组成让电动机连续不断工作的长动控制线路，所需电气设备有电源开关、交流接触器、熔断器、热继电器及按钮等。

二、保护环节

1. 短路保护

与点动控制一样，采用低压熔断器作短路保护。

2. 过载保护

由于电动机长时间工作，可能会出现超负荷工作或温升过高等现象，需设置过载保护，继-接控制系统中，常用热继电器作过载保护。

热继电器过载保护：电动机在运行过程中，由于过载或其他原因，使负载电流超过额定值时，经过一定时间，串接在主回路中热继电器 FR 的热元件双金属片受热弯曲，推动串接在控制回路中的常闭触头断开，切断控制回路，接触器 KM 的线圈断电，主触头断开，电动机 M 停转，达到了过载保护的目的。

3. 欠压、失压保护

自锁控制具有失压和欠压保护功能。

欠压保护：电源电压过低（低于额定电压的 85%），会引起电动机绕组电流超过额定电流而温升过高，电动机长时间运行会烧坏绕组。当电压过低时，接触器电磁吸引力不足，在复位弹簧的反力作用下，衔铁释放，自锁触头、主触头断开，线圈失电，电动机断电。

失压保护：失压保护也称为零压保护。当电源断电后，接触器线圈失电，自锁触头、主触头均断开，电动机停止运行。当重新来电后，如不按下按钮，电动机也不会得电工作，防止了可能造成的人身伤害和设备损坏事故。

想一想

对连续运行中的电动机及电流的要求

电机在运行中，要按规程要求检查各部位温度、振动、声音、火花及绝缘气味等，看电机各种参数量有无异常变化。其一般规定如下：

（1）电源的电压、频率、相数等应与电机铭牌数据相符。交直流电压不超出额定电压的±5%，三相不平衡电压不大于 5%，频率不超过±1%。

（2）电机的绕组、换向器和铁芯等主要部位的温度不应超过规定范围。

（3）电机轴承温度仪表不超过：滑动轴承 75℃，滚动轴承 95℃。

（4）电机的入口风温不得超过 40℃，出口风温不超过 60℃。

（5）电机最大振动幅值、轴游不超过规定。

（6）空气相对湿度在 85%以下。

（7）直流电机换向器火花在 1～1/2 以下。

（8）电流平稳，无明显、大幅度波动，幅值的变化应在规定范围之内。

练一练

（1）长动与点动的主要区别是控制器件能否____________。

（2）电气控制主要的保护环节有____________、____________和____________。

（3）自锁具有____________和____________保护功能。

（4）图 5-10 的线路中，哪些能实现电动机正常的连续运行和停止？哪些不能？为什么？

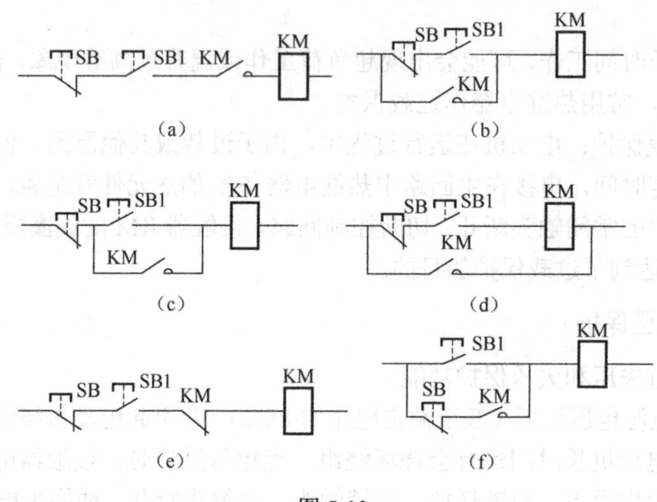

图 5-10

（5）图 5-11 中，哪个控制电路能正常工作（　　）。

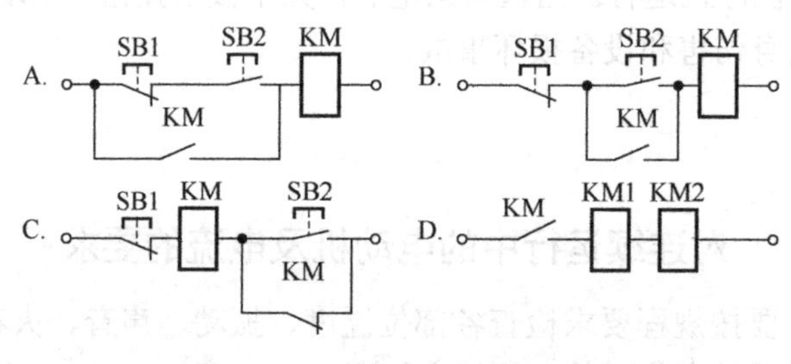

图 5-11

（6）设计一个三相异步电动机既能点动又能长动控制电路。

任务二十一　控制线路安装工艺

一、电气控制线路的安装工艺及要求

表 5-1　电气控制线路的安装工艺及要求

电气设备要求	电路敷设要求	通电试车要求
设备完好； 设备符合控制需要； 安装合理、紧固	导线选择满足控制线路需要； 布线要美观、整洁、便于检查； 板内走线应横平竖直，拐角处应为直角，尽量避免交叉走线； 线头裸露不超过 2mm； 接线柱不允许超过两根导线，且接触良好； 导线与元件采用螺丝连接，线头不能反圈	线路检查，正确无误； 连接电动机电源线路及保护接地线； 操作规范、安全文明

二、安装电气控制线路的方法和步骤

工艺流程：

识读原理图，选择、配齐器材、工具，安装设备，安装线路，检查线路，通电试车。

安装电动机控制线路时，必须按照相关技术文件执行。电动机控制线路安装步骤如下。

（1）阅读原理图。明确原理图中的各种元器件的名称、符号、作用，理清电路图的工作原理及其控制过程。

（2）选择元器件。根据电路原理图选择组件并进行检验。包括组件的型号、容量、尺寸、规格、数量等。

（3）配齐需要的工具、仪表和合适的导线。按控制电路的要求配齐工具、仪表，按照控制对象选择合适的导线，包括类型、颜色、截面积等。电路 U、V、W 三相用黄色、绿色、红色导线，中性线（N）用黑色导线，保护接地线（PE）必须采用黄绿双色导线。

（4）安装电气控制线路。根据电路原理图、接线图和平面布置图，对所选组件（包括接线端子）进行安装接线。要注意组件上的相关触点的选择，区分常开、常闭、主触点、辅助触点。控制板的尺寸应根据电器的安排情况决定。导线线号的标志应与原理图和接线图相符合。在每一根连接导线的线头上必须套上标有线号的套管，位置应接近端子处。线号编制方法如下。

① 主电路。三相电源按相序自上而下编号为 L1、L2、L3；经过电源开关后，在出线端子上按相序依次编号为 U11、V11、W11。主电路中各支路，应从上至下、从左至右，每经过一个电气元件的线桩后，编号要递增，如 U11、V11、W11，U12、V12、W12，……。单台三相交流电动机（或设备）的三根引出线按相序依次编号为 U、V、W（或用 U1、V1、W1 表示），多台电动机引出线的编号，为了不致引起误解和混淆，可在字母前冠以数字来区别，如 1U、1V、1W，2U、2V、2W，……。

② 控制电路与照明、指示电路。应从上至下、从左至右，逐行用数字来依次编号，每经过一个电气元件的接线端子，编号要依次递增。

（5）连接电动机及保护接地线、电源线及控制电路板外部连接线。

（6）线路不带电检测。包括学生自测和互测，以及老师检查。

（7）通电试车。

（8）结果评价。

三、电气控制线路安装时的注意事项

（1）不触摸带电部件，严格遵守“先接线后通电，先接电路部分后接电源部分；先接控制电路，后接主电路，再接其他电路；先断电源后拆线”的操作程序。

（2）接线时，必须先接负载端，后接电源端；先接接地端，后接三相电源相线。

（3）发现异常现象（如发响、发热、焦臭），应立即切断电源，保持现场，报告指导老师。

（4）注意仪器设备的规格、量程和操作程序，做到不了解性能和用法，不随意使用设备。

四、通电前检查

控制线路安装好后，在通电前应进行如下项目的检查。

（1）各个元件的代号、标记是否与原理图上的一致和齐全。

（2）各种安全保护措施是否可靠。

（3）控制电路是否满足原理图所要求的各种功能。

（4）各个电气元件安装是否正确和牢靠。

（5）各个接线端子是否连接牢固。

（6）布线是否符合要求、整齐。

（7）各个按钮、信号灯罩和各种电路绝缘导线的颜色是否符合要求。

（8）电动机的安装是否符合要求。

（9）保护电路导线连接是否正确、牢固可靠。

（10）检查电气线路的绝缘电阻是否符合要求。其方法是：短接主电路、控制电路和信号电路，用500V兆欧表测量与保护电路导线之间的绝缘电阻不得小于0.5MΩ。当控制电路或信号电路不与主电路连接时，应分别测量主电路与保护电路、主电路与控制电路和信号电路、控制电路和信号电路与保护电路之间的绝缘电阻。

五、空载例行试验

通电前应检查所接电源是否符合要求。通电后应按操作顺序，验证电气设备的各个部分的工作是否正确和操作顺序是否正常。特别要注意验证急停器件的动作是否正确。验证时，如有异常情况，必须立即切断电源查明原因。

六、负载运行试验

在正常负载下连续运行，验证电气设备所有部分运行的正确性，特别要验证电源中断和恢复时是否会危及人身安全、损坏设备。同时要验证全部器件的温升不得超过规定的允许温升和在有载情况下验证急停器件是否仍然安全有效。

技能训练三　异步电动机长动控制线路安装

一、训练要求

内容	技能点	训练步骤及内容
三相异步电动机单向旋转控制线路安装	1．识图能力 2．低压电器检查 3．控制电器安装方法 4．控制线路安装工艺	1．分析电气原理图 2．检查线路安装所需的低压电器和相关元件 3．安装低压电器和相关元件 4．按照工艺要求安装控制线路 5．控制线路检查 6．通电试车

二、器材准备

1．工具、仪表准备

常用工具有验电笔、螺丝刀、尖嘴钳、斜口钳、剥线钳、电工刀等；常用仪表有万用

表、钳形电流表，如图 5-12 所示。

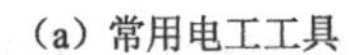

（a）常用电工工具

（b）万用表

（c）钳形电流表

图 5-12　常用工具和仪表

2. 器件检查

代号	名称	型号	数量	检查项目
M	三相异步电动机	Y112M-4	1	转动是否灵活、绕组绝缘是否符合规定、接线柱是否松动、确定旋转方向等
QS	组合开关	HZ10-25/3	1	触头接触是否良好、扳动是否灵活等
FU1	螺旋式熔断器	RL1-60/25	3	外观检查、规格是否满足要求、熔体是否完好等
FU2	螺旋式熔断器	RL1-15/2	2	
KM	交流接触器	CJ10-20	1	型号是否符合线路要求、触头接触是否良好、线圈是否完好等
FR	热继电器	JR16-20/3	1	型号是否符合线路要求、辅助触头动作是否正常等

三、器件安装

（1）低压断路器、熔断器的受电端子应安装在控制板的外侧。

（2）各元件的安装位置应整齐、匀称，间距合理，便于元件的更换。

（3）紧固各元件时要用力均匀，紧固程度适当。在紧固熔断器、接触器等易碎裂元件时，应用手按住元件一边轻轻摇动，一边用螺丝刀轮换旋紧对角线上的螺钉，直到手摇不动后再适当旋紧些即可。

器件布置图如图 5-13 所示。

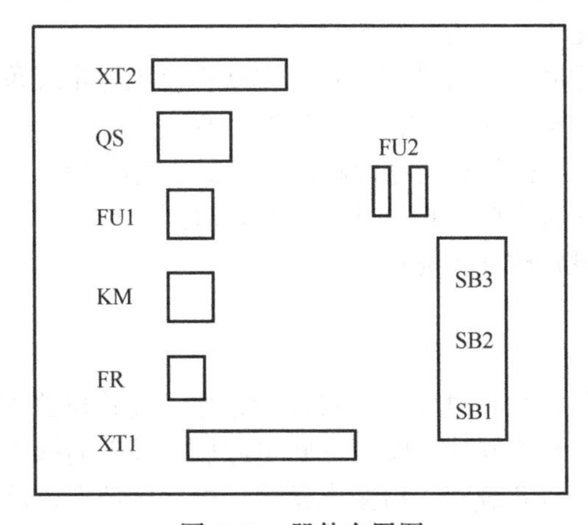

图 5-13　器件布置图

四、线路安装

（1）布线通道尽可能少，并行导线按主、控电路分类集中，单层密排，紧贴安装面布线。

（2）同一平面的导线应高低一致。

（3）布线应横平竖直，导线与接线螺栓连接时，应打羊眼圈，并按顺时针旋转，不允许反圈。对瓦片式接点，导线连接时，直接插入接点固定即可。

（4）布线时不得损伤线芯和导线绝缘。所有从一个接线端子到另一个接线端子的导线必须连续，中间无接头。

（5）导线与接线端子或接线桩连接时，不得压绝缘层及露铜过长。在每根剥去绝缘层导线的两端套上编码套管。

（6）一个电气元件接线端子上的连接导线不得多于两根，每节接线端子板上的连接导线一般只允许连接一根。

（7）同一元件、同一回路的不同接点的导线间距离应一致。

五、线路检查

（1）按电路原理图或电气接线图从电源端开始，逐段核对接线及接线端子处连接是否正确，有无漏接、错接之处。检查导线接点是否符合要求，压接是否牢固。接触应良好，以免接负载运行时产生闪弧现象。检查主电路时，可以手动代替受电线圈励磁吸合时的情况进行检查。

（2）用万用表检查控制线路的通断情况：用万用表表笔分别搭在接线图 U1、V1 线端上（也可搭在 0 与 1 两点处），这时万用表读数应在无穷大；按下 SB 时表读数应为接触器线圈的直流电阻阻值。

（3）用兆欧表检查线路的绝缘电阻不得小于 0.5MΩ。

六、通电试车

接电前必须征得教师同意，并由教师接通电源和现场监护。

（1）学生合上电源开关 QS 后，允许用万用表或测电笔检查主、控电路的熔体是否完好，但不得对线路接线是否正确进行带电检查。

（2）第一次按下按钮时，及时观察线路和电动机有无异常现象。

（3）试车成功率以通电后第一次按下按钮时计算。

（4）出现故障后，学生应独立进行检修，若需要带电检查时，必须有教师在现场监护。检修完毕再次试车，也应有教师监护，并做好实习时间记录。

（5）实习课题应在规定时间内完成。

七、注意事项

（1）不触摸带电部件，严格遵守“先接线后通电，先接电路部分后接电源部分；先接控制电路，后接主电路，再接其他电路；先断电源后拆线”的操作程序。

（2）接线时，必须先接负载端，后接电源端；先接接地端，后接三相电源相线。

（3）发现异常现象（如发响、发热、焦臭），应立即切断电源，保持现场，报告指导老师。

（4）电动机必须安放平稳，电动机及按钮金属外壳必须可靠接地。接至电动机的导线

必须穿在导线通道内加以保护，或采取坚韧的四芯橡皮护套线进行临时通电校验。

（5）电源进线应接在螺旋式熔断器底座中心端上，出线应接在螺纹外壳上。

（6）按钮内接线时，用力不能过猛，以防止螺钉打滑，导线禁止在按钮盒内交叉连接。

控制线路安装训练评分表

项目内容	配分	评分标准		扣分	得分
器材准备	5	（1）不清楚元器件的功能及作用	扣2分		
		（2）不能正确选用元器件	扣3分		
工具、仪表的使用	5	（1）不会正确使用工具	扣2分		
		（2）不能正确使用仪表	扣3分		
安装前检查	10	（1）电动机质量检查	每漏一处扣2分		
		（2）电气元件漏检或错检	每处扣2分		
安装元件	15	（1）不按布置图安装	扣5分		
		（2）元件安装不紧固	每只扣4分		
		（3）安装元件时漏装木螺钉	每只扣2分		
		（4）元件安装不整齐、不匀称、不合理	每只扣3分		
		（5）损坏元件	扣15分		
布线	30	（1）不按电路图接线	扣10分		
		（2）布线不符合要求：主电路 控制电路	每根扣4分 每根扣2分		
		（3）接点松动、露铜过长、压绝缘层、反圈等	每个接点扣1分		
		（4）损伤导线绝缘或线芯	每根扣5分		
		（5）漏套或错套编码套管（教师要求）	每处扣2分		
		（6）漏接接地线	扣10分		
通电试车	35	（1）热继电器未整定或整定错	扣5分		
		（2）熔体规格配错	主、控电路各扣5分		
		（3）第一次试车不成功 第二次试车不成功 第三次试车不成功	扣10分 扣20分 扣30分		
安全文明	违反安全文明生产规程、小组团队协作精神不强		扣5～100分		
定额时间4h	每超时5min以内以扣5分计算				
开始时间		结束时间		实际用时		总成绩	

任务二十二　异步电动机正反转控制

一、三相异步电动机正反转

1．电动机正反转应用

在很多工作场所，生产机械不仅需要向前运动，也需要向反方向运动，如汽车的前行与倒车、自动伸缩门的开与关等。因此，电动机在运行中，既能正向运行，也能反向运行，即能正反转运行，也称为可逆旋转，如图5-14所示。

（a）自动伸缩门　　（b）装载机　　（c）数控车床

图 5-14　电动机正反转控制应用

2. 三相异步电动机反转原理

由三相异步电动机工作原理可以知道，三相异步电动机的旋转方向是由相序决定的，只要任意调换两相电源相线就可以改变电源的相序，从而实现电动机反转。

三相异步电动机的接线盒如图 5-15 所示，反转接线如图 5-16 所示。

图 5-15　三相异步电动机接线盒

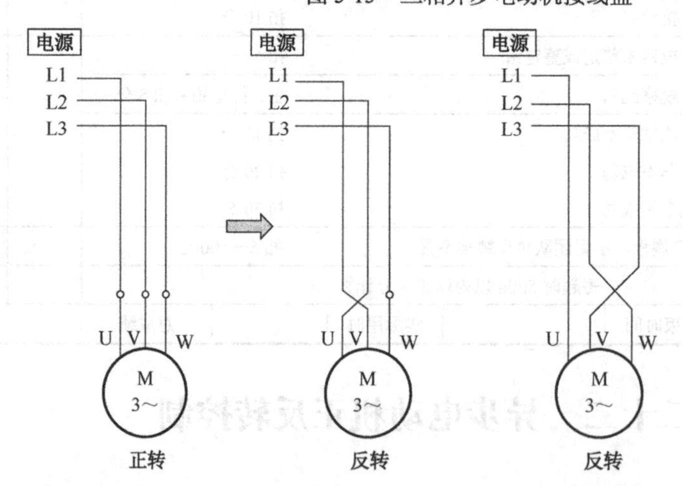

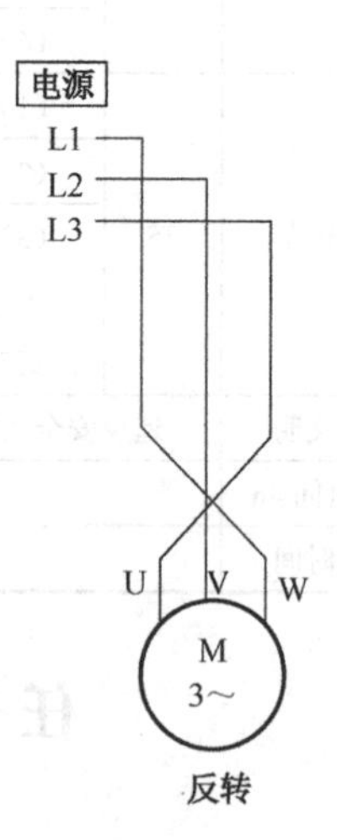

图 5-16　三相异步电动机反转接线

二、三相异步电动机正反转控制线路

1. 倒顺开关正反转控制

倒顺开关的外形和结构如图 5-17 所示。

倒顺开关的控制线路如图 5-18 所示。

（a）外形　　　　　　　　（b）结构

图 5-17　倒顺开关的外形和结构

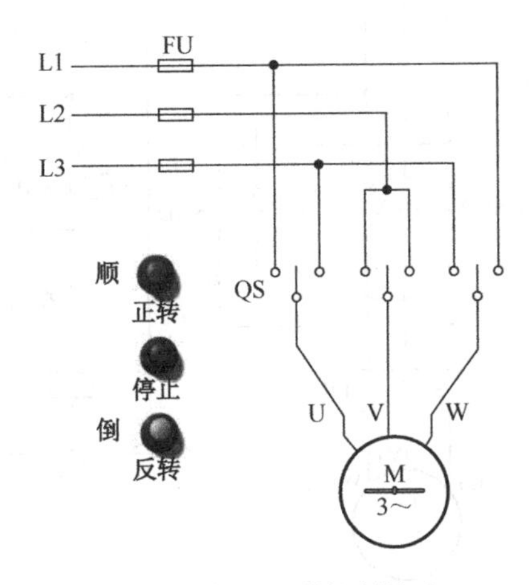

图 5-18　倒顺开关控制线路

操作过程：将倒顺开关扳至正转位置，电动机得电正转。如需反转，先将倒顺开关扳至停止，然后再扳至反转，电动机反转。

倒顺开关控制的正反转适用于线路简单、不频繁换向的小型电动机控制，其缺点是操作的安全性较差。

2. 接触器互锁正反转控制

（1）接触器互锁的正反转控制

利用接触器，改变接入电动机的电源相序，从而实现正反转控制，其原理如图 5-19 所示。

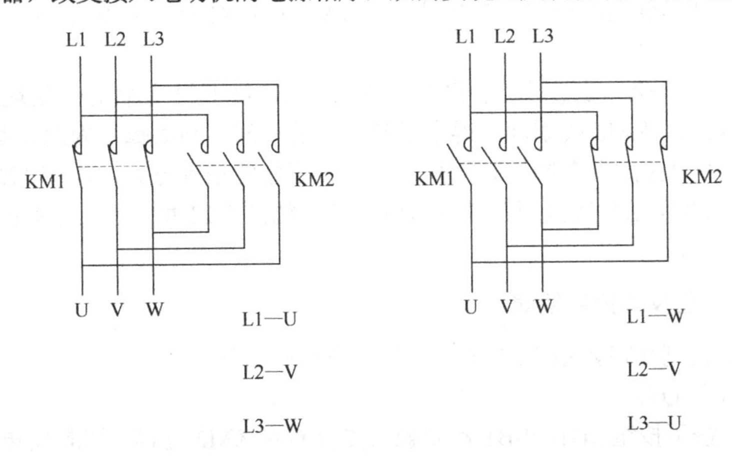

图 5-19　接触器改变电源相序原理图

由图 5-19 可以知道，当接触器 KM1 工作时，电源与电动机的连接为 L1—U、L2—V、L3—W，电动机正转；当接触器 KM2 工作时，电源与电动机的连接为 L1—W、L2—V、L3—U，U、W 两线调换，电动机反转。

（2）接触器互锁正反转控制线路分析

接触器互锁正反转控制线路如图 5-20 所示。

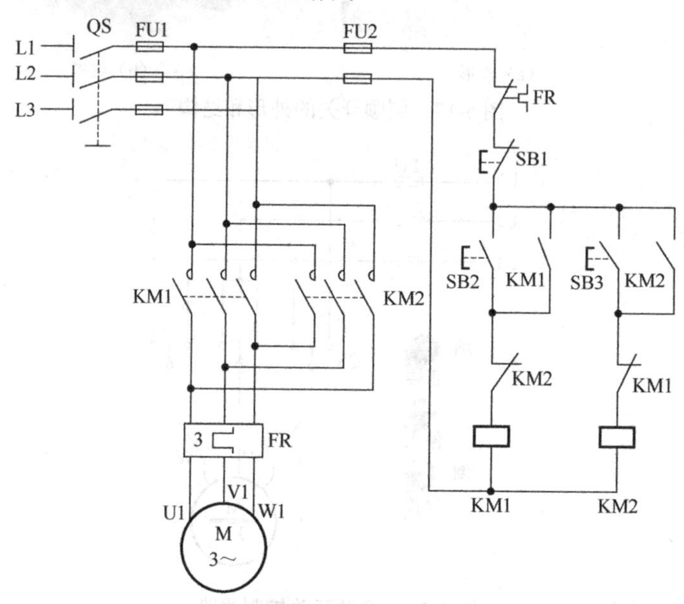

图 5-20　接触器互锁的正反转控制线路

其动作过程如下：

合上电源开关 QS。

正转控制：按下按钮 SB2→KM1 线圈得电→KM1 主触头和自锁触头闭合（KM1 常闭互锁触头断开）→电动机 M 得电正转。

反转控制：先按下停车按钮 SB1→KM1 线圈失电→KM1 主触点分断（同时 KM1 自锁触头断开、KM1 互锁触头闭合）→电动机 M 失电→再按下按钮 SB3→KM2 线圈得电→KM2 主触点和 KM2 常闭互锁触头断开（KM2 常开自锁触头闭合）→电动机 M 启动连续反转。

停车：按停止按钮 SB1→控制电路失电→KM1（或 KM2）主触点分断→电动机 M 失电停转。

电动机相序的改变，是通过控制接触器 KM1、KM2 的工作状态来实现的，因此，必须防止接触器 KM1、KM2 线圈同时得电引起严重的相间短路故障，为此设置了互锁控制。

互锁：是指两个接触器在同一时间只允许一个工作的控制方式。常采用接触器互锁（电气互锁，如图 5-20 所示）或按钮互锁（机械互锁，如图 5-21 所示），同时采用称为双重互锁（如图 5-22 所示）。

3．按钮互锁正反转控制线路

按钮互锁的控制线路如图 5-21 所示，其动作过程如下：

合上电源开关 QS。

正转控制：按下按钮 SB1→SB1 常闭触头先分断对 KM2 互锁（切断反转控制电路）→SB1 常开触点后闭合→KM1 线圈得电→KM1 主触头和辅助触头闭合自锁→电动机 M 启动

连续正转。

反转控制：按下按钮 SB2→SB2 常闭触头先分断→KM1 线圈失电→KM1 主触头分断→电动机 M 失电→SB2 常开触头后闭合→KM2 线圈得电→KM2 主触头和辅助触头闭合→电动机 M 启动连续反转。

停止：按停止按钮 SB3→整个控制电路失电→KM1（或 KM2）主触头和辅助触头分断→电动机 M 失电停转。

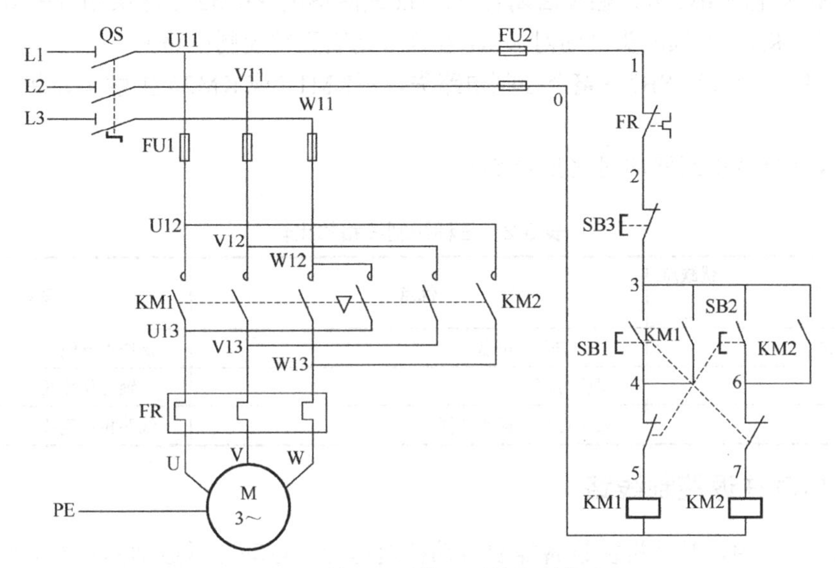

图 5-21　按钮互锁的正反转控制线路

4. 双重互锁正反转控制线路

双重互锁的控制线路如图 5-22 所示，其动作过程如下：

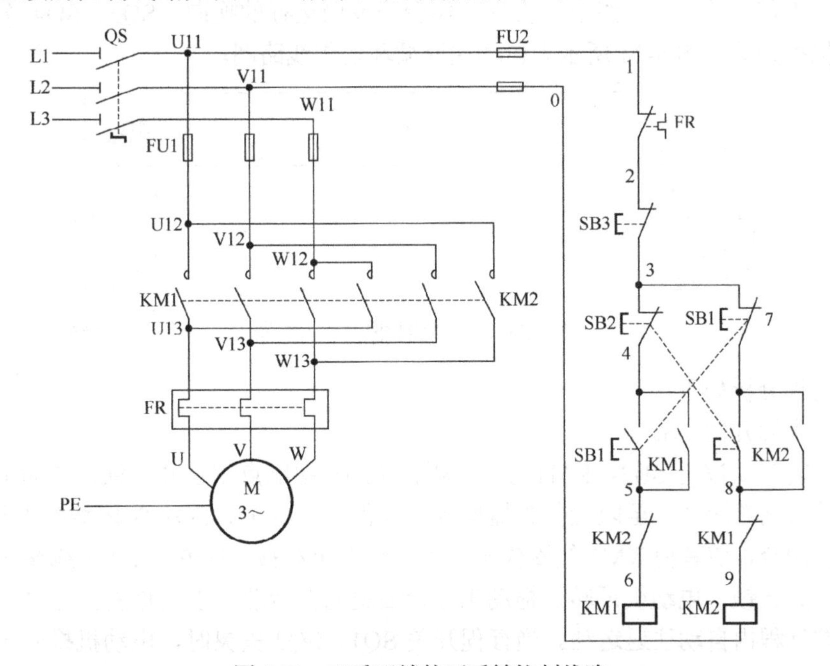

图 5-22　双重互锁的正反转控制线路

合上电源开关 QS。

正转控制：按下按钮 SB1→SB1 常闭触头先分断对 KM2 互锁（切断反转控制电路）→SB1 常开触头后闭合→KM1 线圈得电→KM1 主触头闭合→电动机 M 启动连续正转。KM1 互锁触头分断对 KM2 互锁（切断反转控制电路）。

反转控制：按下按钮 SB2→SB2 常闭触头先分断→KM1 线圈失电→KM1 主触头分断→电动机 M 失电→SB2 常开触头后闭合→KM2 线圈得电→KM2 主触头闭合→电动机 M 启动连续反转。KM2 互锁触头分断对 KM1 互锁（切断正转控制电路）。

停止：按停止按钮 SB3→整个控制电路失电→KM1（或 KM2）主触头分断→电动机 M 失电停转。

三种反正转控制线路的对比见表 5-2。

表 5-2　三种控制线路的比较

优缺点 电路	优点	缺点
接触器互锁	工作安全、可靠	操作不方便
按钮互锁	操作方便	互锁可靠性低
双重互锁	安全可靠、操作方便	线路相对复杂

三、自动往返控制线路

在实际生产中，某些机械设备需要自动往返运行。自动往返运动的实现通常是利用行程开关来完成，并由此来控制电动机频繁地正反转或电磁阀的通断电，从而实现生产机械的自动往返。

如图 5-23 所示为工作台往返运动示意图。图中设置了两个位置开关 SQ1、SQ2，并把它们安装在工作台的起点和终点，实现工作台正反向运行的换向。SQ3、SQ4 分别为正、反向限位保护开关。图 5-24 所示为自动往返循环控制线路图。

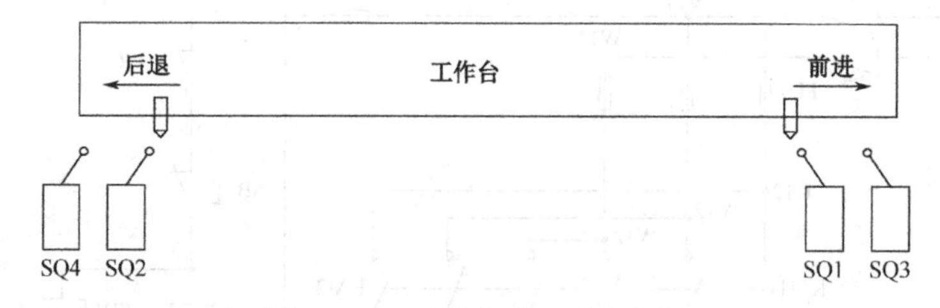

图 5-23　工作台往返运动示意图

动作过程分析如下：

先合上电源开关 QS。

按下正转启动按钮 SB2，KM1 线圈得电，KM1 主触点闭合并自锁，电动机正转，拖动工作台前进向右运动，至限定位置撞块压下行程开关 SQ1，SQ1 常闭触头先断开，SQ1 常开触头后闭合，前者使 KM1 线圈失电，工作台停止右移，后者使 KM2 线圈得电，KM2 主触点闭合并自锁，电动机反转，拖动工作台后退向左运动，以后重复上述过程，工作台就在限定的行程内自动往返运动。当行程开关 SQ1、SQ2 失灵时，电动机换向无法实现，为避免运动部件超出极限位置发生事故，需在正、反转控制电路中加入 SQ3、SQ4 行程开

关的常闭触头作为限位开关，撞块在运动方向上压下相应的限位开关，使接触器线圈断电释放，电动机停转，工作台停止移动。

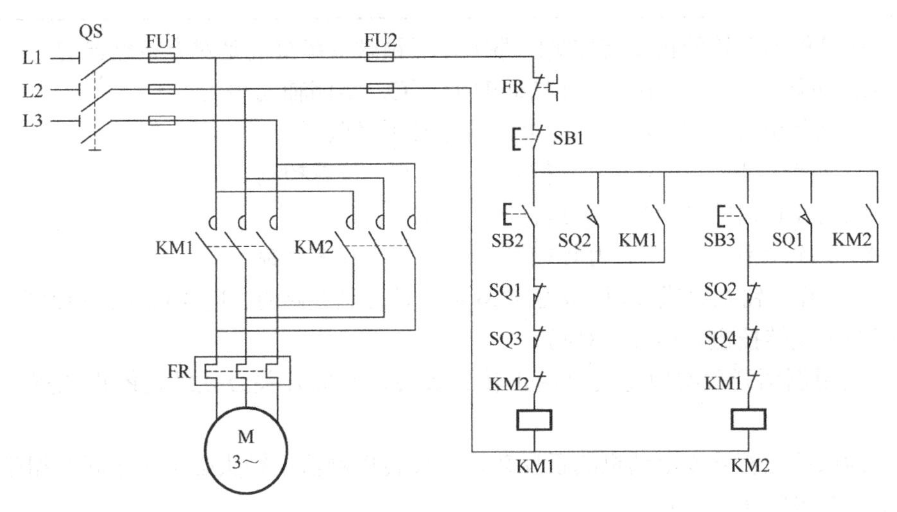

图 5-24 自动往返循环控制线路图

想一想

正反转控制线路安装中常见问题及解决办法

（1）控制电路无自锁。这是因为交流接触器 KM1（或 KM2）的常开触点没有与开关 SB2（SB3）并联，当出现此问题时，检测是 KM1 无自锁还是 KM2 无自锁，若是 KM1 则应检测 KM1 的常开，否则查看 KM2。

（2）控制电路无互锁。这是因为两个交流接触器 KM1、KM2 的常闭没有互相控制彼此的线圈电路，即 KM1（KM2）的常闭没有串联于 KM2（KM1）的线圈电路中。

（3）控制电路不带电。可能是控制电路没有构成回路造成的，此时可以检查一下控制电路，当按下开关 SB2 或 SB3 时，看是否通路，若通路，则检测熔断器是否正常。

（4）主电路不带电。此时可能开关没有闭合，或熔断器已烧坏，也有可能是主触点接触不良，可用万用表测量，然后确定问题所在。

（5）电路缺相。表现为电机转速慢，并产生较大的噪声，此时可以测量三相电路，确定缺相的线路，并加以调整。

（6）电路短路。属于严重的电路故障，必须对整个电路进行测量检查。

三相异步电动机联锁正反转控制电路只有正转没有反转的原因

三相异步电动机的双重联锁正反转控制电路正转正常，按反向按钮 SB2，控制正转接触器 KM1 能释放，但控制反转接触器 KM2 不吸合，电动机不能反转的故障原因：

① 正转接触器 KM1 辅助常闭触头接触不良或断线；

② 反向按钮 SB2 常开触头接触不良；

③ 正向按钮 SB1 常闭触头接触不良；

④ 反转接触器 KM2 线圈断路；

⑤ 反转接触器 KM2 触头卡阻。

练一练

（1）在接触器互锁的正反转控制线路中，互锁触头串接的是对方接触器的（　　）。

A．主触头　　B．常开辅助触头　　C．常闭辅助触头

（2）为避免正反转接触器同时得电，线路必须采取（　　）。

A．自锁控制　　B．互锁控制　　C．位置控制

（3）点动和长动的区别是长动具有（　　）。

A．自锁控制　　B．互锁控制　　C．双重互锁

（4）在操作按钮互锁或按钮、接触器双重互锁控制线路时，电动机从正转改变为反转，可以直接按下反转按钮来实现，对吗？（　　）

（5）利用倒顺开关实现电动机由正转到反转，倒顺开关必须经过停止位置，对吗？（　　）

（6）为保证三相异步电动机的正反转，正反转接触器主触头必须按相同的相序串接在主电路中，对吗？（　　）

（7）接触器互锁具有安全、可靠、操作方便的优点，对吗？（　　）

技能训练四　接触器互锁三相异步电动机正反转控制线路安装

一、训练目的

（1）会电气原理图的识图方法。

（2）会低压电器的选择和安装方法。

（3）会电气控制线路的安装工艺和方法。

二、仪表仪器、工具

万用表、剥线钳、一般电工工具、电笔、电气控制训练板（板内应有交流接触器2个、三点按钮盒1个、热继电器1个、三相电源开关、低压熔断器5只、接线端子等）、导线、三相异步电动机等。

三、训练内容

内容	技能点	训练步骤及内容	训练要求
三相异步电动机正反转控制线路安装	1．识图能力 2.低压电器选择安装能力 3.线路安装工艺能力	1．分析电气原理图工作原理 2.选择线路安装所需的低压电器和相关元件 3．检查低压电器和相关元件 4．安装低压电器和相关元件 5．按照工艺要求安装控制线路 6．检查线路 7．通电试车	1．会识图方法 2．会选择、安装低压电器和相关元件 3．会检查低压电器和相关元件 4．会按工艺要求安装控制线路 5．会检查线路的方法

四、训练线路

电气原理图如图 5-20 所示，安装接线示例如图 5-25 所示。

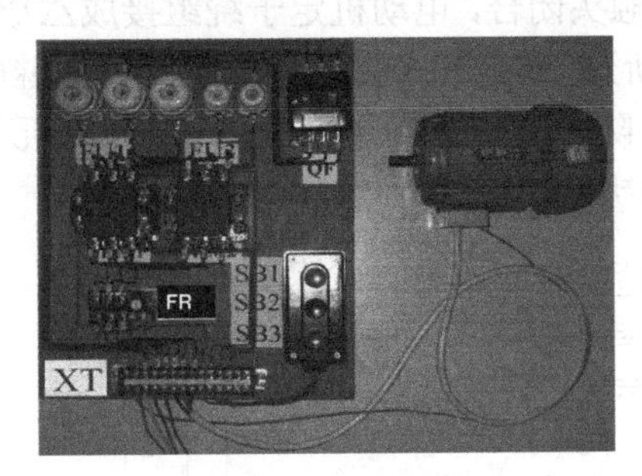

图 5-25 接线图

五、器件安装、线路安装与检查要求

以上内容同技能训练三。

任务二十三 异步电动机降压启动控制

一、认识降压控制

前面分析的三相异步电动机的控制，都是在电动机绕组上直接加上额定电压进行启动工作的，称为直接启动，用于 10kW 以下电动机。当电动机容量超过 10kW 时，启动电流大，会影响电动机及其附近电气设备的正常运行，一般要求采用降压启动，如空压机的启动（如图 5-26）。

图 5-26 空压机降压启动

降压启动：指电动机启动时，加载电动机绕组上的电压低于额定电压，待电动机启动后，再恢复到额定电压下运行，即降压启动，全压运行。

二、三相异步电动机降压启动控制线路

1. Y-△降压启动

Y-△降压启动控制线路图如图 5-27 所示。

动作过程分析如下：

合上电源开关 QS，按下 SB2，KM、KM1 和 KT 线圈同时获电并自锁。KM、KM1 常开主触头闭合，电动机定子绕组接成 Y 形接入三相交流电源进行降压启动；同时 KT 延时

为启动转换到运行做准备。当时间继电器延时时间为整定值时，KT 动作，其通电延时常闭触头断开，KM1 线圈断电，各触头复位，同时 KT 通电延时常开触头闭合，KM2 线圈得电，其 KM2 常开主触头和自锁触头闭合，电动机定子绕组接成△形连接，电动机进入全压运行状态；KM2 常闭辅助触头断开，使 KT 线圈断电，避免时间继电器长期工作。KM1、KM2 常闭辅助触头为互锁触头，防止定子绕组同时接成 Y 形和△形造成电源短路。按下 SB1，KM、KM2 线圈失电，电动机断电停止。

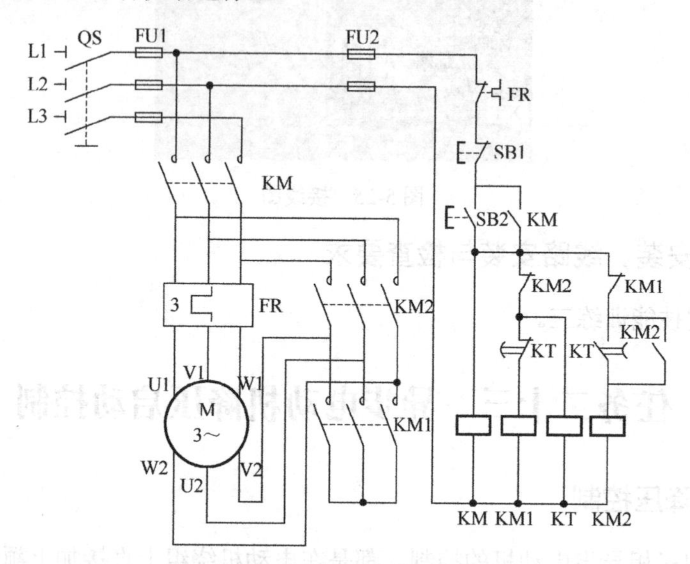

图 5-27　Y-△降压启动控制线路图

2. 自耦变压器降压启动

自耦变压器降压启动控制线路图如图 5-28 所示。

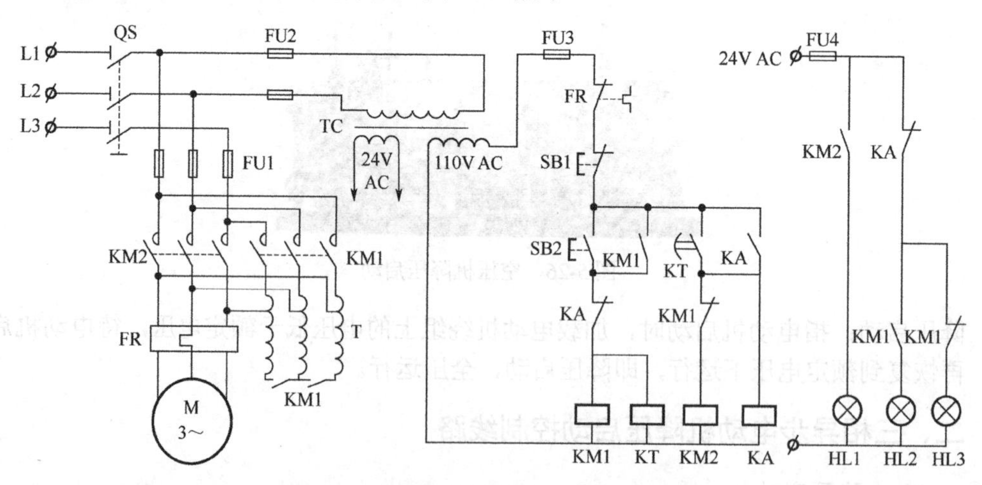

图 5-28　自耦变压器降压启动控制线路图

动作过程分析如下：

合上电源开关，HL3 灯亮，表明电源接通。按下启动按钮 SB2，KM1、KT 线圈同时通电并自锁，电动机由自耦变压器二次电压供电作降压启动，同时指示灯 HL3 灭，HL2 亮，显示电动机正进行降压启动。当 KT 延时时间到，其通电延时常开触头闭合，KA 线圈通电

并自锁，同时 KM1 线圈失电，自耦变压器从电路切除，KM2 线圈获电，电动机定子绕组接入额定电压进入全压运行。HL2 指示灯灭，HL1 指示灯亮，显示电动机在全压运行。

想一想

Y-△降压启动常见故障及处理方法

（1）Y 形接法启动正常，但在转入△形过程中，电动机发出异常声响，转速也急剧下降，是什么原因造成的？

现象分析：接触器切换动作正常，表明控制线路正确无误。从故障现象分析可以得知，很大可能是电动机主电路接线错误，即电动机在由 Y 形转换为△形时，电动机相序发生改变，造成电动机由正常启动变为反接制动（后面将会学习）。强大的反向制动电流造成转速急剧下降和产生异常声响。

处理方法：仔细检查主电路，纠正错误的接线。

（2）线路空载试验正常，但一旦接上电动机启动运行，电动机发出异常声响，转子左右颤动，立即按下停止按钮，接触器灭弧罩内有强烈的电弧产生，为什么？

现象分析：空载试验正常，说明控制线路正确无误。接上电动机后，出现上述故障现象，是由于缺相引起，说明电动机有一相绕组未接入电源，造成电动机单相启动，从而出现电动机转向不定并左右颤动。

处理方法：仔细检查接触器触头闭合是否良好、接触器及电动机接线是否紧固。

（3）如图 5-27 所示用时间继电器自动转换的 Y-△降压启动，空载试验时，按下启动按钮，KM1、KM2 两个接触器发生异响并不能吸合，为什么？

现象分析：说明时间继电器没有延时动作，造成 KM1、KM2 在反复切换，不能正常启动。

处理方法：检查时间继电器触头。

自耦变压器降压启动常见故障及处理方法

（1）带负荷启动时，电动机声音异常，转速低不能接近额定转速，接换到运行时有很大的冲击电流，这是为什么？

现象分析：电动机声音异常，转速低不能接近额定转速，说明电动机启动困难，怀疑是自耦变压器的抽头选择不合理，电动机绕组电压低，启动力矩小拖动的负载大所造成的。

处理方法：将自耦变压器的抽头改接在 80%位置后，再试车故障排除。

（2）电动机由启动转换到运行时，仍有很大的冲击电流，甚至掉闸，这是为什么？

现象分析：这是电动机启动和运行的切换时间太短所造成的，时间太短，电动机的启动电流还未下降，转速未接近额定转速就切换到全压运行状态所至。

处理方法：调整时间继电器的整定时间，延长启动时间，现象即可排除。

练一练

（1）星-三角降压启动方法适用于正常工作时（　　）接法的电动机。

A．三角形　　B．星型　　C．两个都行　　D．两个都不行

（2）自耦变压器降压启动方法适用于正常工作时（　　）接法的电动机。

A．三角形　　B．星型　　C．两个都行　　D．两个都不行

（3）笼型异步电动机在什么条件下可以直接启动？

（4）图5-29所示为三相异步电动机Y-△降压启动控制线路，请完成以下问题：

① 按下SB2，电动机如何工作；

② 分析电动机一直处于Y形运行的原因；

③ 电动机Y形启动正常，当KT延时时间到时，所有电器（即KM1、KM2、KM3、KT）全部失电，分析故障原因。

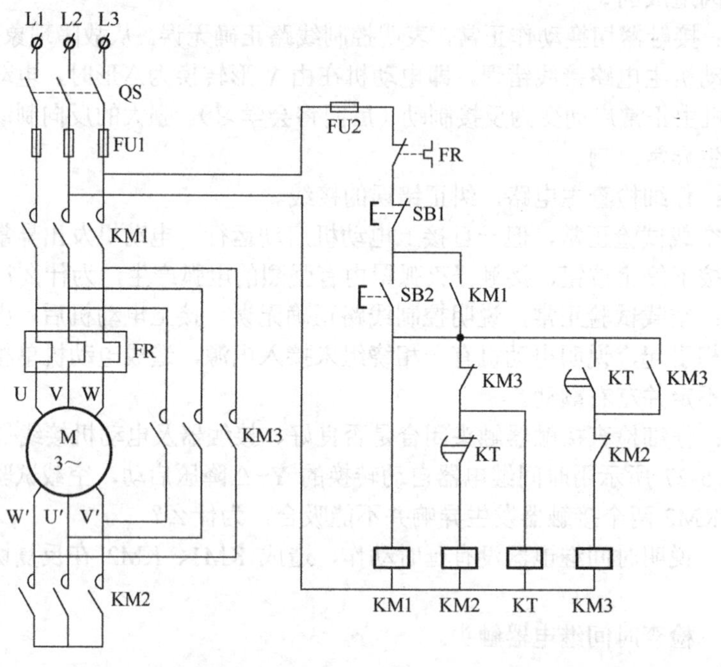

图5-29　Y-△降压启动控制线路图

项目五　知识点、技能点、能力测试点

知识点	技能点	能力测试点
1．点动概念与应用 2．控制线路组成及各部分作用 3．长动控制概念 4．自锁、互锁概念与作用 5．自锁、互锁实现 6．主电路、控制电路概念 7．控制线路基本保护环节 8．全压与降压应用 9．安全用电基础知识 10．常用电工工具、仪表使用方法 11．控制线路工作原理分析 12．电气控制原理图基础知识	1．控制线路原理图识读 2．基础控制线路图绘制 3．分析、编写控制线路动作过程 4．控制线路安装工艺要求 5．控制线路安装工艺流程 6．控制线路安装 7．控制线路检查方法 8．控制线路简单故障分析与处理	1．常用工具使用 2．万用表使用 3．电气控制图纸的识读 4．控制线路动作过程分析 5．控制线路安装 6．简单继-接控制线路设计 7．安全用电常识

项目六

异步电动机制动控制

学习指南

三相异步电动机从切除电源到完全停止旋转，由于惯性的原因，总需要一段时间。但实际工业生产中，很多生产机械在运行过程中都要求安全和准确定位，以及为了提高劳动生产率，都需要电动机能迅速停车，所以要求对电动机进行制动控制。

电动机制动控制和识读电气控制原理图，是电气控制最基础的知识和技能之一，需要理解、掌握、识读电动机制动控制的电气原理、控制设备的作用，以及控制线路的安装工艺。学习中，应主动熟记、识读控制方式和线路，并能分析控制线路的工作原理，通过实验训练掌握控制线路的安装工艺，对常见的生产设备制动控制、图例进行收集和分析。

项目学习目标

任务	重点	难点	关键能力
异步电动机机械制动	异步电动机机械制动的常用方法与实现	机械制动的工作原理	异步电动机机械制动的实现
异步电动机电气制动	异步电动机电气制动的方法与实现	电气制动的工作原理	异步电动机电气制动的实现
电气控制原理图识读	电气控制原理图绘制原则与识读步骤	电气控制原理图的绘制与识读	识读与绘制电气控制原理图

任务二十四　异步电动机机械制动

电动机的制动：利用相应原理形成制动转矩，使电动机迅速停转。

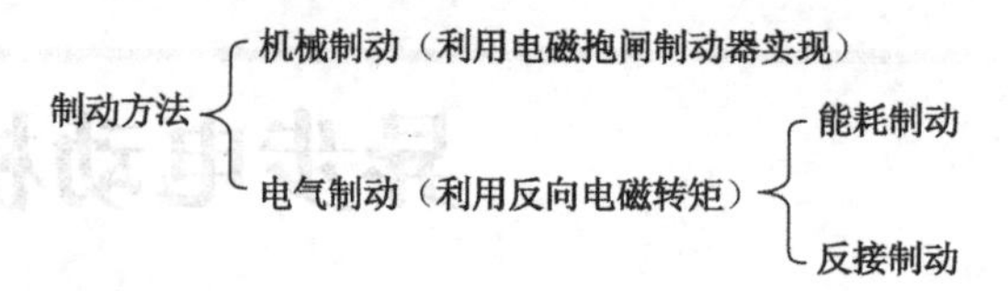

一、机械制动的实现

1．机械制动

利用机械装置产生制动转矩，使电动机在切断电源后迅速停转的制动方法。

2．机械制动装置

常用的方法是利用电磁抱闸制动器，产生制动转矩，常用于防止起重机械失电时重物下跌和需要准确定位的场合。它主要由制动电磁铁和闸瓦制动器两部分组成，制动电磁铁由铁芯、衔铁和线圈三部分组成；闸瓦制动器包括闸轮、闸瓦、杠杆和弹簧等，闸轮与电动机装在同一根转轴上，其结构如图 6-1 所示。

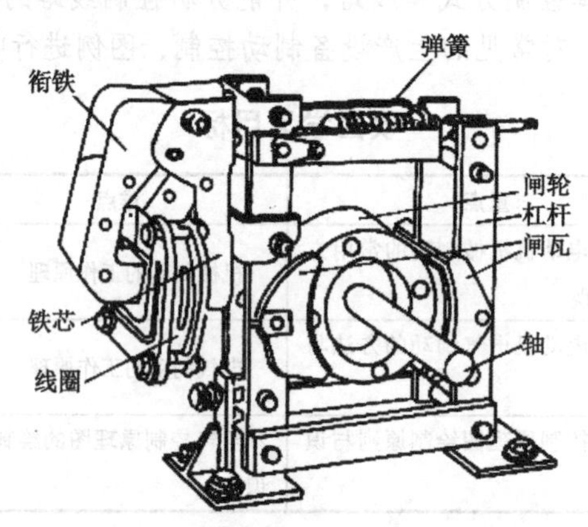

图 6-1　电磁抱闸制动器的结构

3．电磁抱闸制动器的类型

（1）断电制动型。

当线圈得电时，闸瓦与闸轮分开，无制动作用，当线圈失电时，闸瓦紧紧抱住闸轮制动。

（2）通电制动型。

当线圈得电时，闸瓦紧紧抱住闸轮制动；当线圈失电时，闸瓦与闸轮分开，无制动作用。

二、机械制动的应用

断电制动的电气控制线路，如图 6-2 所示。

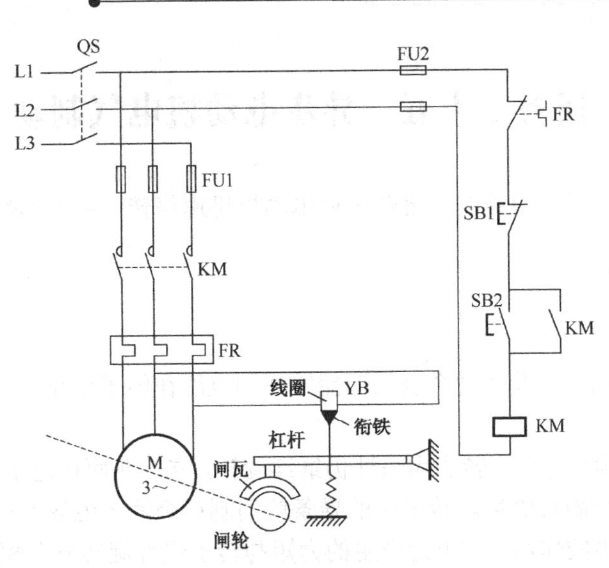

图 6-2 断电制动电气控制线路图

工作原理：合上 QS，按下 SB2，KM 线圈得电，常开主触点闭合，电动机接通电源，电磁抱闸线圈 YB 也同时得电吸合，迫使制动杠杆向上移动，从而使制动器上的闸瓦与闸轮松开，电动机正常运转。按下停止按钮 SB1，KM 线圈失电，常开主触点复位，电动机电源切断，YB 也同时失电释放，使闸瓦在弹簧弹力的作用下迅速制动闸轮，使电动机迅速停转。

优点：电磁抱闸制动，制动力强，广泛应用在起重设备上。它安全可靠，不会因突然断电而发生事故。

缺点：电磁抱闸体积较大，制动器磨损严重，快速制动时会产生振动。

想一想

断电型电磁抱闸制动器安装后的调试

电磁抱闸制动器安装后，必须在切断电源的情况下，先进行粗调，然后在通电试车时再进行微调。粗调时，在断电状态下，用外力转不动电动机的转轴，而当用外力将制动电磁铁吸合后，电动机转轴能自由转动为合格。微调时，在通电带负载运行状态下，电动机转动自如，闸瓦与闸轮不摩擦、不过热，断电又能立即制动为合格。

练一练

（1）什么是电动机的机械制动？

（2）电磁抱闸制动器有________、_______等类型。

（3）电磁抱闸制动器主要由________和_______两部分组成。

（4）电磁抱闸制动器有哪些不足？

任务二十五 异步电动机电气制动

电气制动的原理是利用反向电磁转矩使电动机迅速停转，主要有能耗制动和反接制动。

一、能耗制动

1. 制动原理

切断电源后，把转子及拖动系统的动能转换为电能在转子电路中以热能形式迅速消耗掉的制动方法。

电动机切断交流电源后，转子因惯性仍继续旋转，立即在两相定子绕组中通入直流电，在定子中即产生一个静止磁场。转子中的导条就切割这个静止磁场而产生感应电流，在静止磁场中受到电磁力的作用。这个力产生的力矩与转子惯性旋转方向相反，称为制动转矩，它迫使转子转速下降。当转子转速降至零时，转子不再切割磁场，电动机停转，制动结束。此方法是利用转子转动的能量切割磁通而产生制动转矩的，实质是将转子的动能消耗在转子回路的电阻上，故称为能耗制动。

2. 能耗制动控制

能耗制动控制线路，如图 6-3 所示。

工作原理：合上 QS，按下 SB2→KM1 得电→电动机全压启动并运行。按下 SB1→KM1 失电→电动机脱离三相电源，KM1 常闭触头复原→KM2 得电，同时（通电延时）时间继电器 KT 得电，KT 瞬动常开触点闭合并自锁，KM2 主触头闭合→电动机进进能耗制动状态→电动机转速下降→KT 整定时间到→KT 延时断开常闭触点断开→KM2 线圈失电→能耗制动结束。

KT 瞬动常开触点的作用：假如 KT 线圈断线或机械卡住故障时，松开 SB1 后电动机不能制动，实现断电停止，避免两相定子绕组长期接直流电源。

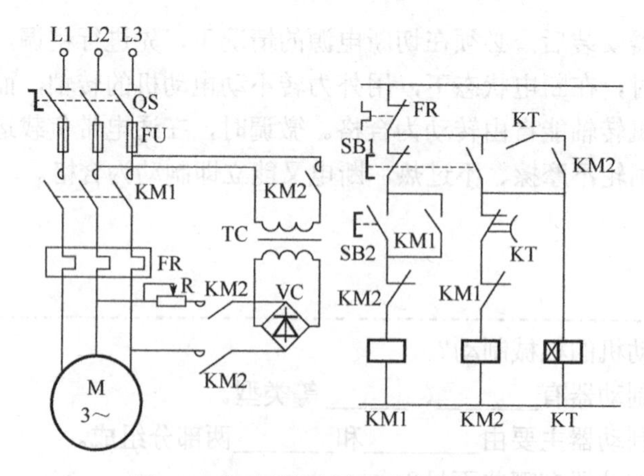

图 6-3 电动机能耗制动控制原理图

制动作用强弱与通入直流电流的大小和电动机的转速有关，在同样的转速下，电流越

大，制动作用越强，电流一定时，转速越高，制动力矩越大。一般取直流电流为电动机空载电流的3～4倍，过大会使定子过热。可调节整流器输出端的可变电阻*R*，得到合适的制动电流。

3．能耗制动的特点

优点：制动力强、制动平稳、无大的冲击，应用能耗制动能使生产机械准确停车，广泛用于矿井提升和起重机运输等生产机械。

缺点：需要直流电源，低速时制动力矩小。电动机功率较大时，制动的直流设备投资大。

二、反接制动

1．制动原理

它是利用改变电动机电源相序，使定子绕组产生的旋转磁场与转子旋转方向相反，因而产生制动力矩的一种制动方法。应注意的是，当电动机转速接近零时，必须立即断开电源，否则电动机会反向旋转。为此采用按转速原则进行制动控制，即借助速度继电器来检测电动机速度变化，当转子接近零速时（100r/min），由速度继电器自动切断电源。

2．反接制动控制

反接制动控制线路，如图6-4所示。

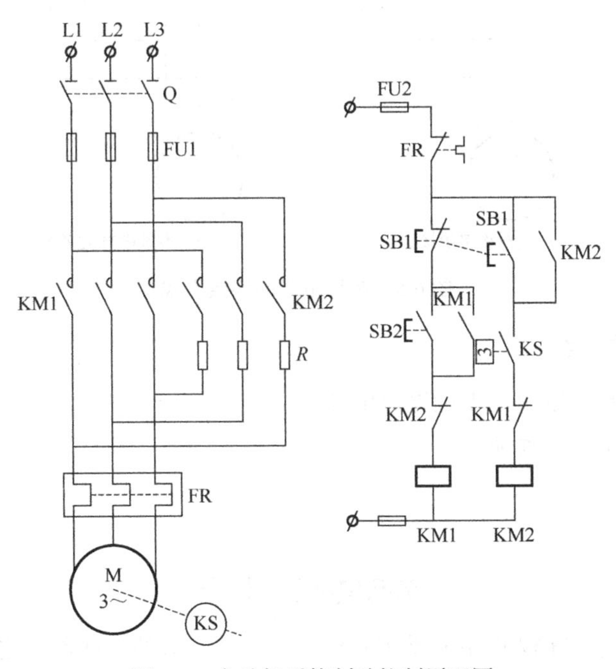

图6-4　电动机反接制动控制原理图

工作原理：合上QS，按下启动按钮SB2，接触器KM1线圈得电吸合，电动机启动运行。在电动机正常运行时，速度继电器KS的常开触点闭合，为反接制动接触器KM2线圈通电做准备。当需制动停车时，按下停止按钮SB1，接触器KM1线圈失电，切断电动机三相电源。此时电动机的惯性转速仍然很高，KS的常开触点仍闭合，接触器KM2线圈得电吸合，使定子绕组接通改变了相序的电源，电动机进入串接制动电阻 *R* 的反接制动状态。当电动机转子的惯性转速接近零速（100r/min）时，速度继电器 KS 的常开触点复位，接触器 KM2 线圈断电释放，制动结束。

3．制动电阻

在反接制动时，转子与定子旋转磁场的相对速度接近于 2 倍同步转速，所以定子绕组中的反接制动电流，相当于全压启动时电流的 2 倍。为避免对电动机及机械传动系统的过大冲击，延长其使用寿命，一般在 10kW 以上电动机的定子电路中串接对称电阻或不对称电阻，以限制制动转矩和制动电流，这个电阻称为反接制动电阻，制动电阻的连接方式如图 6-5 所示。串入不对称电阻只限制制动转矩，串接对称电阻限制制动转矩和制动电流。

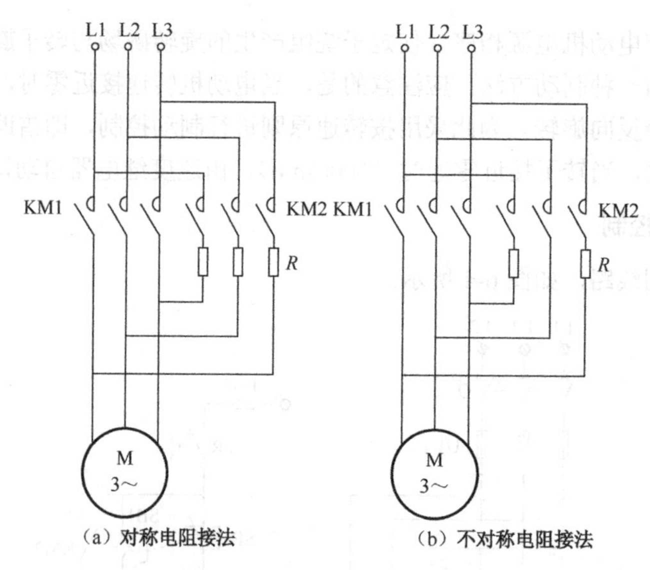

（a）对称电阻接法　　（b）不对称电阻接法

图 6-5　制动电阻的连接方式

4．反接制动的特点

优点：简单，制动迅速，无须直流电源。

缺点：机械冲击大，耗能大。

想一想

制动电阻的选择

电动机功率小的（3kW 以下）不需制动电阻，功率大的反接制动电流将很大，需用电阻限流，其选用要求如下：

电动机反接制动电阻的选择（每相串接制动电阻）：

$$R \approx K \times U/I$$

式中，*K*——系数，1.3～1.5 之间，一般取 1.5；

U——电机定子绕组电压；

I——电机堵转电流，一般取额定电流的 7 倍算。

若不对称串接制动电阻，则：

$$R=1.5\times K\times U/I$$

电阻功率：

$$P=\lambda\times U^2/R\times ED\%$$

式中，λ 为制动电阻降额系数，取 0.84；ED%是制动使用率，取 0.1。

练一练

（1）什么是三相异步电动机制动？

（2）电气制动有哪几种方法？

（3）简要说明反接制动、能耗制动原理。

（4）速度继电器在反接制动中的作用是__________。

任务二十六　电气控制原理图识读方法

一、电气控制原理图的组成

电气控制原理图是用图形符号和项目代号表示电路中各个电气元件连接关系和工作原理的图，由主电路与辅助电路两部分组成。

1．主电路

它是电气控制线路中大电流通过的部分，包括从电源到电机之间连接的元件。由组合开关、主熔断器、接触器主触点、热继电器的热元件和电动机等组成。

2．辅助电路

它是控制线路中除主电路以外的电路，其流过的电流比较小。辅助电路包括控制电路、照明电路、信号电路、保护电路。其中控制电路是由按钮、接触器、继电器的线圈及辅助触点、热继电器触点、保护电器触点等组成。

二、电气控制线路

用导线将电机与各种有触点的接触器、继电器、按钮、行程开关等按一定的要求连接起来，实现对电力拖动系统的启动、正反转、制动、调速和保护，满足生产工艺要求，实现生产过程自动化。

三、图形符号和文字符号

1．图形符号

图形符号通常包括符号要素、一般符号和限定符号三种形式，通常用于图样或其他文件，用以表示一个设备或概念的图形、标记或字符。

（1）符号要素。它具有确定意义的简单图形，必须同其他图形组合构成一个设备或概念的完整符号，如接触器常开主触点符号，由接触器触点功能符号和常开触点符号组合而成。

（2）一般符号。表示一类产品和此类产品特征的一种简单的符号，如旋转电机可用一个圆圈表示。

（3）限定符号。提供附加信息，一种加在其他符号上的符号。

2. 文字符号

文字符号包括基本文字符号、辅助文字符号和补助文字符号三种形式，用于电气技术领域中技术文件的编制，表示电气设备、装置和元件的名称、功能、状态和特征。

（1）基本文字符号。又分为单字母符号和双字母符号，单字母符号按拉丁字母顺序将各种电气设备、装置和元器件划分成为23大类，每一类用一个专用单字母符号表示，如"C"表示电容器类，"R"表示电阻器类等。双字母符号由一个表示种类的单字母符号与另一个字母组成，且以单字母符号在前，另一字母在后的次序列出，如"F"表示保护器件类，"FU"则表示熔断器。

（2）辅助文字符号。表示电气设备、装置和元器件以及电路的功能、状态和特征，如"RD"表示红色，"L"表示限制等。

（3）补充文字符号。当规定的基本文字符号和辅助文字符号不够使用时，可按国家标准中文字符号组成规律和下述原则予以补充。

① 在优先采用基本和辅助文字符号的前提下，可补充国家标准中未列出的双字母文字符号和辅助文字符号；

② 使用文字符号时，应按电气名词术语国家标准或专业技术标准中规定的英文术语缩写而成；

③ 基本文字符号不得超过两位字母，辅助文字符号一般不超过三位字母；

④ 文字符号采用拉丁字母大写正体字，且拉丁字母中"I"和"O"不允许单独作为文字符号使用。

四、电气原理图的绘制原则

这里以一个典型控制线路的电气原理图为例（如图6-6所示）说明其绘制原则。

（1）主电路、控制电路和信号电路应分开绘出。

（2）表示出各个电源电路的电压值、极性或频率及相数。

（3）主电路的电源电路一般绘制成水平线，受电的动力装置（电动机）及其保护电器支路用垂直线绘制在图的左侧，控制电路用垂直线绘制在图的右侧，同一电器的各元件采用同一文字符号标明。

（4）所有电路元件的图形符号，均按电器未接通电源和没有受外力作用时的状态绘制。

（5）循环运动的机械设备，在电气原理图上绘出工作循环图。

（6）转换开关、行程开关等绘出动作程序及动作位置示意图表。

（7）由若干元件组成具有特定功能的环节，用虚线框括起来，并标注出环节的主要作用，如速度调节器、电流继电器等。

（8）电路和元件完全相同并重复出现的环节，可以只绘出其中一个环节的完整电路，其余的可用虚线框表示，并标明该环节的文字号或环节的名称。

（9）外购的成套电气装置，其详细电路与参数绘在电气原理图上。

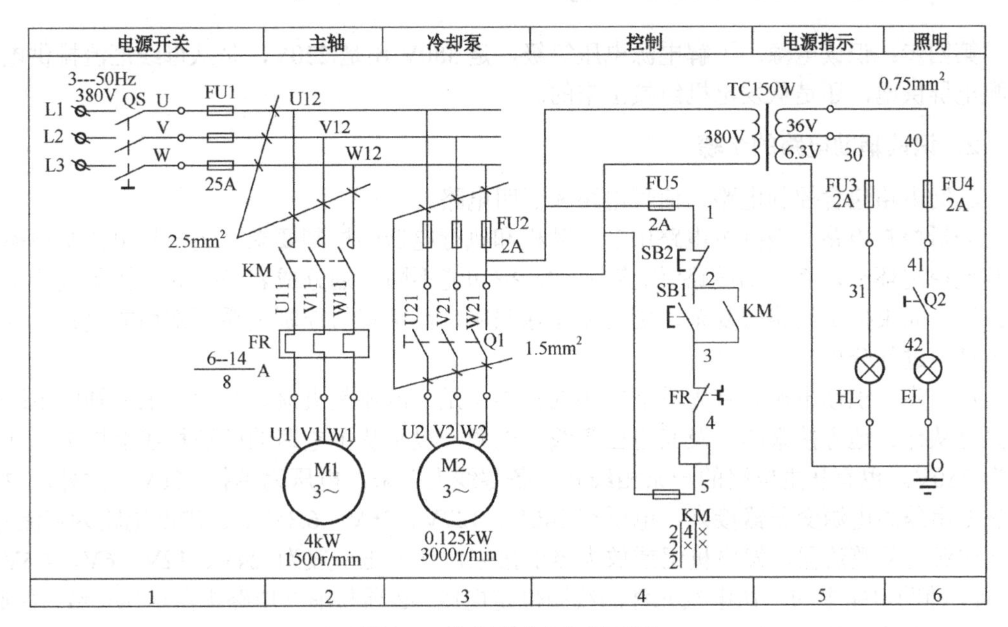

图 6-6　控制线路电气原理图

（10）电气原理图的全部电机、电气元件的型号、文字符号、 用途、数量、额定技术数据，均应填写在元件明细表内。

（11）为读图方便，图中自左向右或自上而下表示操作顺序，并尽可能减少线条和避免线条交叉。

（12）将图分成若干图区，上方为该区电路的用途和作用，下方为图区号。在继电器、接触器线圈下方列有触点表以说明线圈和触点的从属关系。

（13）电气原理图中导线编号原则：三相交流电源采用 L1、L2、L3 标记相序，主电路电源开关后的相序按 U、V、W 顺序标记，分级电源在 U、V、W 前加数字 1、2、3 来标记，分支电路在 U、V、W 后加数字 1、2、3 来标记，控制电路用不多于 3 位的阿拉伯数字编号。

五、电气原理图识读步骤

识读电气控制线路原理图，一般方法是先识读主电路，再识读辅助电路，并用辅助电路的回路去分析主电路的控制程序。

1．识读主电路的步骤

第一步：看清主电路中的用电设备。用电设备指消耗电能的用电器具或电气设备，识读首先要看清楚有几个用电器，它们的类别、用途、接线方式及一些不同要求等。

第二步：弄清楚用电设备是用什么电气元件控制的。控制电气设备的方法很多，有的直接用开关控制，有的用各种启动器控制，有的用接触器控制。

第三步：了解主电路中所用的控制电器及保护电器。前者是指除常规接触器以外的其他控制元件，如电源开关（转换开关及空气断路器）、万能转换开关；后者是指短路保护器件及过载保护器件，如空气断路器中电磁脱扣器及热过载脱扣器的规格，熔断器、热继电器及过电流继电器等元件的用途及规格。一般来说，对主电路作以上内容的分析以后，即可分析辅助电路。

第四步：识读电源。了解电源电压等级，是 380V 还是 220V，是从母线汇流排供电还是配电屏供电，还是从发电机组接出来的。

2. 识读辅助电路的步骤

辅助电路包含控制电路、信号电路和照明电路。

分析控制电路。根据主电路中各电动机和执行电器的控制要求，逐一找出控制电路中的其他控制环节，将控制线路"化整为零"，按功能不同，划分成若干个局部控制线路来进行分析。如果控制线路较复杂，则可先排除照明、显示等与控制关系不密切的电路，以便集中精力进行分析。

第一步：识读电源。首先看清电源的种类，是交流还是直流。其次，识读辅助电路的电源是从什么地方接来的，及其电压等级。电源一般是从主电路的两条相线上接来，其电压为 380V。也有从主电路的一条相线和一条零线上接来，电压为单相 220V；此外，也可以从专用隔离电源变压器接来，电压有 140V、127V、36V、6.3V 等。辅助电路为直流时，直流电源可从整流器、发电机组或放大器上接来，其电压一般为 24V、12V、6V、4.5V、3V 等。辅助电路中的一切电气元件的线圈额定电压，必须与辅助电路电源电压一致。否则，电压低时电路元件不动作；电压高时，则会把电气元件线圈烧坏。

第二步：了解控制电路中所采用的各种继电器、接触器的用途，如采用了一些特殊结构的继电器，还应了解他们的动作原理。

第三步：根据辅助电路来分析主电路的动作情况。

控制电路总是按动作顺序，绘制在两条水平电源线或两条垂直电源线之间的。因此，也就可从左到右或从上到下来进行分析。对复杂的辅助电路，在电路中整个辅助电路构成大回路，在大回路中又分成几条独立的小回路，每条小回路控制一个用电器或一个动作。当某条小回路形成闭合回路有电流流过时，在回路中的电气元件(接触器或继电器)则动作，将用电设备接入或切除电源，辅助电路中一般是靠按钮或转换开关把电路接通的。对于控制电路的分析，必须随时结合主电路的动作要求来进行，只有全面了解主电路对控制电路的要求以后，才能真正掌握控制电路的动作原理，不可孤立地看待各部分的动作原理，而应注意各个动作之间是否有互相制约的关系，如电动机正、反转之间应设有联锁等。

第四步：分析电气元件之间的相互关系，电路中的一切电气元件都不是孤立存在的。

想一想

电气元件布置图

电气元件布置图，主要是表明电气设备上所有电气元件的实际位置，为电气设备的安装及维修提供必要的资料，可根据电气设备的复杂程度集中绘制或分别绘制。图中不需标注尺寸，但是各电气代号应与有关图纸和电气清单上所有的元器件代号相同，在图中往往留有 10%以上的备用面积及导线管（槽）的位置，以供改进设计时使用。

电气元件布置图的绘制原则：

（1）绘制电气元件布置图时，机床的轮廓线用细实线或点划线表示，电气元件均用粗实线绘制出简单的外形轮廓。

（2）绘制电气元件布置图时，电动机要和被拖动的机械装置画在一起，行程开关应画在获取信息的地方，操作手柄应画在便于操作的地方。

（3）绘制电气元件布置图时，各电气元件之间，上、下、左、右应保持一定的间距，并且应考虑器件的发热和散热因素，应便于布线、接线和检修。

如图 6-7 所示为某车床电气元件布置图，图中 FU1～FU4 为熔断器、KM 为接触器、FR 为热继电器、TC 为照明变压器、XT 为接线端子板。

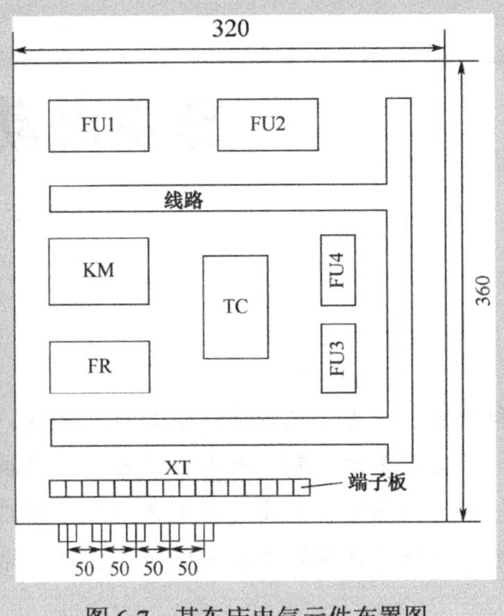

图 6-7　某车床电气元件布置图

练一练

（1）电气控制原理图由哪些部分组成？

（2）电气原理图识读步骤是什么？

（3）什么是电气控制线路？

（4）图形符号、文字符号各有哪些形式？

项目六　知识点、技能点、能力测试点

知识点	技能点	能力测试点
1．电动机制动方法 2．电动机机械制动原理 3．电磁抱闸制动器的组成、类型、工作原理 4．机械制动控制线路工作原理	电动机机械制动控制线路的安装	三相异步电动机机械制动的实现
1．能耗制动原理、特点 2．能耗制动控制线路工作原理 3．反接制动原理、特点 4．反接制动控制线路工作原理 5．制动电阻连接方式、特点	电动机电气制动控制线路的安装	三相异步电动机电气制动的实现
1．电气原理图的组成 2．电气控制线路的组成、作用 3．图形、文字符号的形式、含义 4．电路原理图绘制原则和识图步骤	电路原理图的绘制与识读	电路原理图的绘制与识读

项目七

异步电动机条件控制

学习指南

在一些大型生产设备和机械上，为了减轻操作者的生产强度，常常可以在多处或不同方位同时控制一台电气设备，即实现多地控制。再有，很多生产机械上装有多台电动机时，往往要求多台电动机的启动和停止必须按预先设计好的先后顺序来进行，这种控制方式称为电动机的顺序控制。本项目举例分析多地和顺序控制的电气控制线路的工作原理，通过实训掌握控制线路的安装。

项目学习目标

任务	重点	难点	关键能力
异步电动机多地控制	多地控制线路原理分析、按钮连接原则	多地控制电气原理图的绘制	多地控制原则理解及应用
异步电动机顺序控制	顺序控制线路原理分析、联锁触点的作用	顺序控制电气原理图的绘制、联锁触点的应用	顺序控制的实现
控制线路设计	控制线路设计原则与步骤、控制原理图的绘制	按照生产工艺要求设计控制线路、绘制电气原理图	控制线路的原理设计、工艺设计要求和内容

任务二十七　异步电动机多地控制

一、认识多地控制

在实际生产中，一台电机设备往往需要在多个地点都能进行控制，如在配电室、控制台与现场要求都能控制同一台电机；又如多地都需要一台电机设备供水等。这种控制方法就是多地控制。如图 7-1 所示为在甲、乙两地控制一台电机的实物接线图。

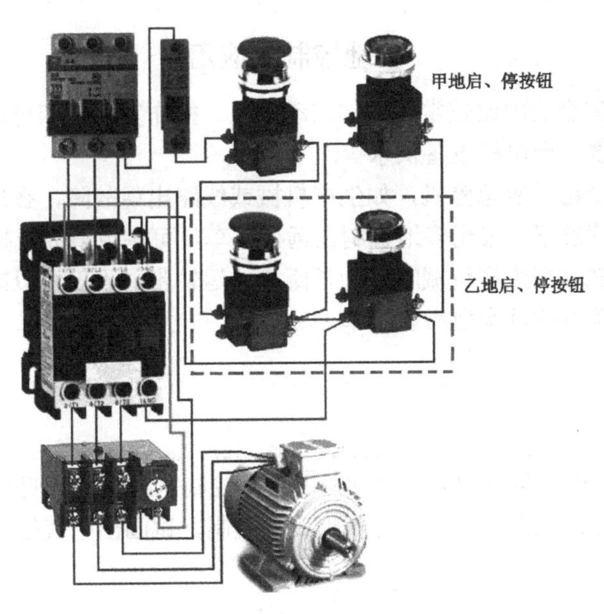

图 7-1　两地控制实物接线图

二、多地控制原理分析

多地控制是用多组启动按钮和停止按钮来进行的。按钮连接的原则是：启动按钮并联；停止按钮串联。两地控制原理与多地控制原理相同，如图 7-2 所示，这里以两地控制为例分析其控制原理。

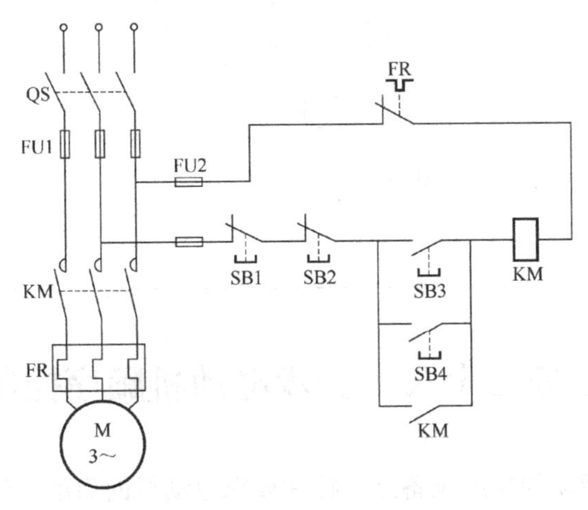

图 7-2　两地控制原理图

两地控制动作过程分析：

启动运行：按下启动按钮 SB1 或 SB2→KM 线圈得电→KM 主触点和自锁触点闭合→电动机 M 启动连续转动。

停车：按停止按钮 SB3 或 SB4→控制电路失电→KM 主触点和自锁触点分断→电动机 M 失电停转。

想一想

多地控制的应用

多地控制在工矿企业中比较常见，如在动力柜、操作室与机床电机旁要求都能控制电机；又如多地都需要一台电机设备供水等。

多地控制还广泛用于应急停机，如生产机械或线路出现故障，在现场停机可能会造成大的事故或损失的情况下，采用多地控制在远处停车，可避免事故或损失发生。

多地控制应用在大型生产机械时，如长距离的运输带，不仅可以减轻劳动者的生产强度，更能在出现故障时就近实现紧急停车。

练一练

（1）图 7-3 所示电路是三相异步电动机的什么控制电路？试说明其工作原理。

（2）要求一台电动机能在三个地方实现启停控制，试画出电气控制原理图。

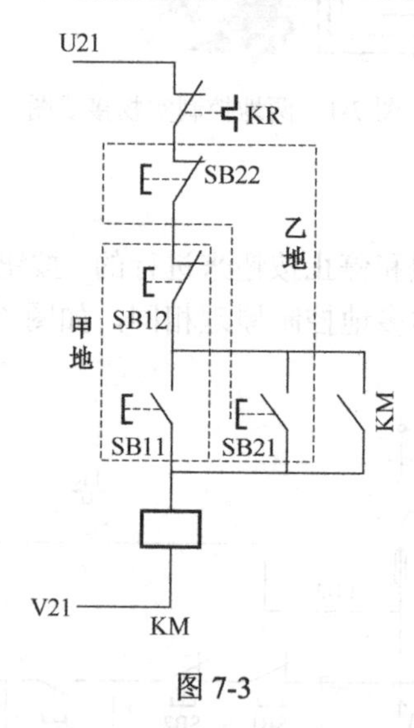

图 7-3

任务二十八　异步电动机顺序控制

在有多台电动机驱动的生产设备上，往往要求电动机的启动和停止按一定的先后顺序进行，以实现设备的运行要求和安全，这种控制方式称为电动机的顺序控制，也称电动机

联锁控制。顺序控制可在主电路实现，也可在控制电路中实现。

一、认识顺序控制

如图 7-4 所示为三相异步电动机顺序控制的具体应用。例如，万能铣床要求主轴电动机启动后，进给电动机才能启动；又如平面磨床的砂轮电动机，要求在冷却泵电动机启动后才能启动。

（a）万能铣床

（b）平面磨床

图 7-4　顺序控制应用

二、顺序控制原理分析

1．控制电路的实现

顺序启动、分别停止的控制线路原理图如图 7-5 所示。

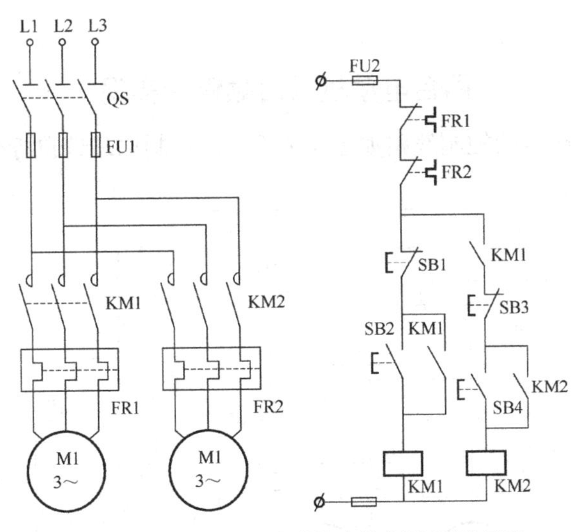

图 7-5　顺序启动、分别停止控制线路原理图

合上 QS，按下 SB2，KM1 线圈通电，KM1 常开主触点闭合，电动机 M1 启动，同时 KM1 两对常开辅助触点闭合，一是实现电动机 M1 的连续运行（自锁），二是为电动机 M2 的启动作好准备（联锁）。按下 SB4，KM2 线圈通电，KM2 常开主触点闭合，电动机 M2 启动，同时 KM2 常开辅助触点闭合，实现电动机 M2 的连续运行（自锁）。按下 SB1 或者

SB3，KM1 或者 KM2 线圈断电，电动机 M1 或者 M2 实现分别停止。

2. 主电路的实现

M7120 型平面磨床砂轮电动机和冷却泵电动机的顺序控制线路，如图 7-6 所示。

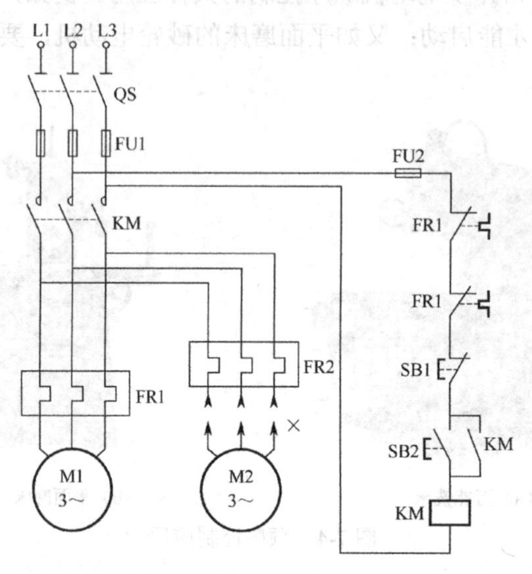

图 7-6 M7120 型平面磨床砂轮电动机和冷却泵电动机的顺序控制线路

其中，X 为接插器，只有当 KM 主触头闭合，电动机 M1 启动后，电动机 M2 才可能接通电源运转。

想一想

两台电动机顺启顺停的实现

两台电动机顺启顺停的控制线路如图 7-7 所示，控制原理请自行分析。

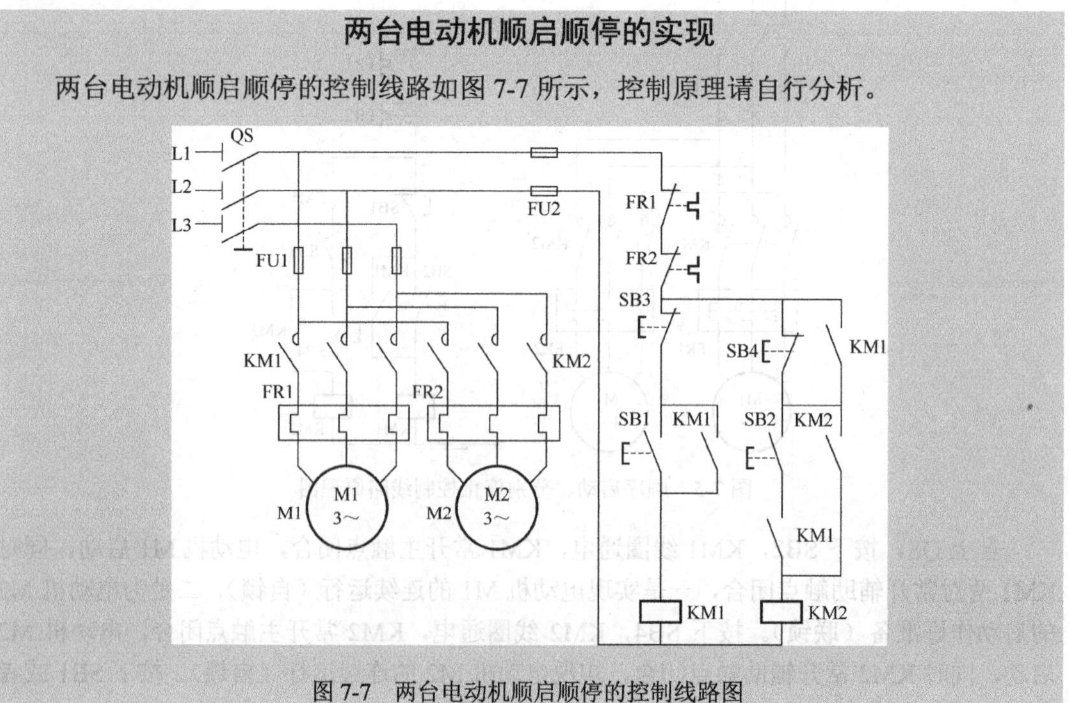

图 7-7 两台电动机顺启顺停的控制线路图

练一练

（1）欲使接触器KM1断电返回后接触器KM2才能断电返回，需要______。

A．在KM1的停止按钮两端并联KM2的常开触点

B．在KM1的停止按钮两端并联KM2的常闭触点

C．在KM2的停止按钮两端并联KM1的常开触点

D．在KM2的停止按钮两端并联KM1的常闭触点

（2）欲使接触器KM1和接触器KM2实现互锁控制，需要______。

A．在KM1的线圈回路中串入KM2的常开触点

B．在KM1的线圈回路中串入KM2的常闭触点

C．在两接触器的线圈回路中互相串入对方的常开触点

D．在两接触器的线圈回路中互相串入对方的常闭触点

（3）欲使接触器KM1动作后接触器KM2才能动作，需要______。

A．在KM1的线圈回路中串入KM2的常开触点

B．在KM1的线圈回路中串入KM2的常闭触点

C．在KM2的线圈回路中串入KM1的常开触点

D．在KM2的线圈回路中串入KM1的常闭触点

（4）分析图7-8所示控制线路的工作原理。

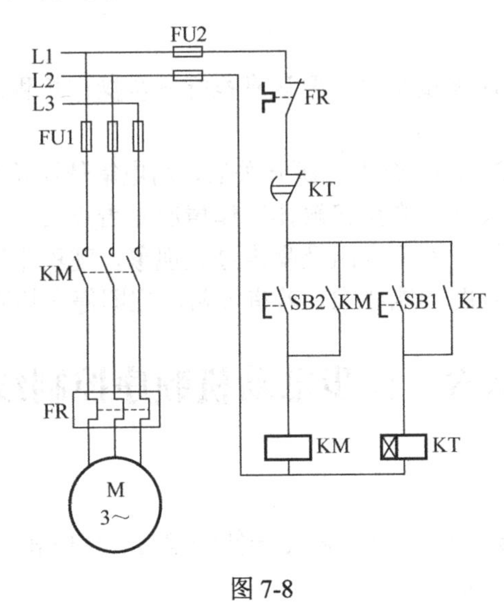

图7-8

技能训练五　异步电动机多地控制线路安装

一、器件检查

根据多地控制线路原理图，选择所需元器件的型号、规格和数量，并填入下面表格中。安装前，应检测元器件的质量。

文字符号	名称	型号	数量
QS			
FU			
KM			
FR			
SB			
M			
XT			

二、器件安装和布线

先在安装板上固定元器件，各元器件的安装位置应整齐、匀称，间距合理，便于更换。再按板前明线布线工艺要求，完成控制线路的装接，布线符合平直、整齐、紧贴敷设面、走线合理及接点不得松动等要求。

三、线路检查

（1）主电路接线检查。按电路图或接线图从电源端开始，逐段核对接线有无漏接、错接，检查导线接点是否符合要求，压接是否牢固，以免带负载运行时产生闪弧现象。

（2）控制电路接线检查。用万用表电阻挡检查控制线路的接线情况。检查时，应选用倍率适当的电阻挡，并调零。

四、通电试车

为保证人身安全，在通电试车时，要认真执行安全操作规程的有关规定，由教师检查并现场监护。

接通三相电源 L1、L2、L3，合上电源开关后，用电笔依次检测熔断器出线端，氖管亮说明电源接通。按下启动按钮，观察接触器工作情况是否正常，是否符合线路功能要求，观察电气元件动作是否灵活，有无卡阻及噪声过大现象，观察电动机运行是否正常。按下停止按钮，观察是否符合线路功能要求。若有异常，立即停车检查。

技能训练六　异步电动机顺序控制线路安装

一、器件检查

根据顺序控制线路原理图，选择所需元器件的型号、规格和数量，并填入下面表格中。安装前，应检测元器件的质量。

文字符号	名称	型号	数量
QS			
FU			
KM			
FR			
SB			
M			
XT			

二、器件安装和布线

先在安装板上固定元器件，各元器件的安装位置应整齐、匀称，间距合理，便于更换。再按板前明线布线工艺要求完成控制线路的装接，布线符合平直、整齐、紧贴敷设面、走线合理及接点不得松动等要求。

三、线路检查

（1）主电路接线检查。按电路图或接线图从电源端开始，逐段核对接线有无漏接、错接，检查导线接点是否符合要求，压接是否牢固，以免带负载运行时产生闪弧现象。

（2）控制电路接线检查。用万用表电阻挡检查控制线路的接线情况。检查时，应选用倍率适当的电阻挡，并调零。

四、通电试车

为保证人身安全，在通电试车时，要认真执行安全操作规程的有关规定，由教师检查并现场监护。

接通三相电源 L1、L2、L3，合上电源开关后，用电笔依次检测熔断器出线端，氖管亮说明电源接通。按下启动按钮，观察接触器工作情况是否正常，是否符合线路功能要求，观察电气元件动作是否灵活，有无卡阻及噪声过大现象，观察电动机运行是否正常。按下停止按钮，观察是否符合线路功能要求。若有异常，立即停车检查。

任务二十九　设计简单控制线路

在掌握了电气控制的基本原则和基本控制环节后，不仅能分析生产机械的电气控制线路的工作原理，而且还能根据生产工艺的基本要求，设计电气控制线路。

一、设计原则

（1）最大限度地满足生产机械和生产工艺对电气控制的要求，这些生产工艺要求是对电气控制系统设计的依据。

（2）在满足控制要求的前提下，设计方案力求简单、经济、合理，不要盲目追求自动化和高指标。力求控制系统操作简单，使用与维修方便。

（3）正确、合理地选用电气元件，确保控制系统安全可靠地工作。同时考虑技术进步和造型美观。

（4）为适应生产的发展和工艺的改进，在选择控制设备时，设备能力应留有适当裕量。

二、设计案例

根据生产设备的工艺要求和工作过程，将现有的典型环节加以集聚，根据经验作适当补充和修改，综合成所需要的电气控制线路，此方法为经验设计法。

电气线路的一般设计顺序是：先设计主电路，再设计控制电路。

案例：

有两节用三相交流异步电动机分别拖动的传送带，单方向传送，不要求快速停止，第二节先启动，最后停。试设计该控制装置。

设计过程：

（1）主电路设计。第一节传送带由M1拖动；第二节传送带由M2拖动；M1、M2都需实现全压启动、单向连续旋转、断电停车。

（2）控制电路设计。按工作过程要求，控制电路是按逆序启动顺序停车的典型控制环节。M2先启动M1后启动，M1停止后，M2才停止。控制线路如图7-9所示。

启动：合上QS→按下SB2→KM2线圈得电→KM2主触点和自锁触点闭合→M2先启动；KM2辅助常开触点闭合

按下SB1→KM1线圈得电→KM1主触点和自锁触点闭合→M1后启动；KM1辅助常开触点闭合

停止：按下SB3→KM1线圈失电→M1先停转→再按下SB4→KM2线圈失电→M2后停转

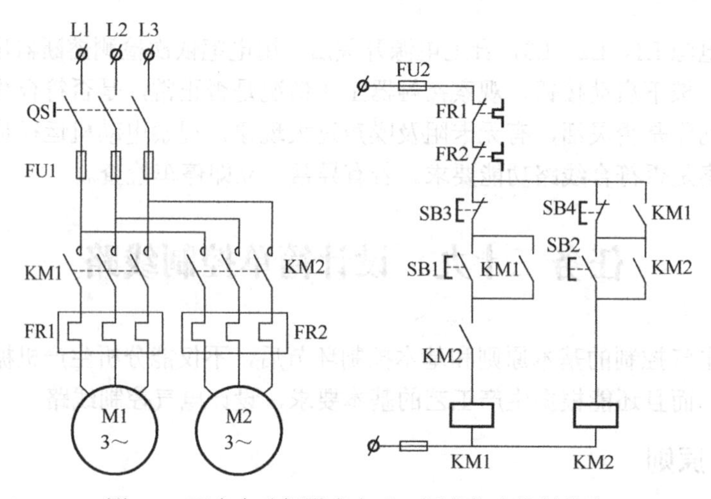

图7-9　两台电动机逆序启动、顺序停止控制线路

想一想

电气控制装置设计与安装的步骤

电气控制线路（装置）的设计一是需要满足生产机械和工艺要求，二是满足电气控制装置本身的制作、使用及维护的需要。因此，电气控制装置设计包括原理与工艺设计（安装）两个方面。设计与安装的步骤如下：

（1）收集相关资料。

（2）分析控制和保护要求。

（3）设计主电路。

（4）设计控制电路。

（5）设计照明、显示电路。

（6）选择元器件并填写元件明细表。

（7）绘制电气布置图。

（8）绘制接线图。

（9）安装、调试及检验。

（10）编写使用说明书。

练一练

（1）设计三相异步电动机交流接触器控制的全压启动控制线路，要求具有短路保护、过载保护功能。

（2）设计一个三相异步电动机正—反—停的主电路和控制电路，并具有短路保护和过载保护。

（3）设计两台三相异步电动机 M1、M2 的主电路和控制电路，要求 M1、M2 可分别启动和停止，也可实现同时启动和停止，并具有短路、过载保护。

（4）试设计一个电路，可实现以下控制要求：

① 电动机 M1 启动后，M2 启动；M2 启动后，M3 启动。

② 电动机 M1、M2、M3 可同时停车。

（5）某机床主轴工作和润滑泵各由一台电机控制，要求主轴电机必须在润滑泵电机运行后才能运行，主轴电机能正反转，并能单独停机，有短路、过载保护，试设计主电路和控制电路。

项目七　知识点、技能点、能力测试点

知识点	技能点	能力测试点
1. 启动顺序的联锁 2. 停止顺序的联锁 3. 顺序控制线路工作原理	顺序控制线路安装与调试	顺序控制线路的实现
1. 多地控制工作原理 2. 多地控制启动按钮、停止按钮连接规律	多地控制线路安装与调试	多地控制线路的实现
1. 电气控制线路设计原则 2. 电气控制线路设计步骤	设计电气控制线路	按生产机械工艺要求，设计控制线路

项目八

异步电动机调速控制

学习指南

为了达到生产工艺、生产机械的控制要求或使电动机达到较高的使用性能，需要人为地对电动机进行调速控制。本项目主要介绍异步电动机的调速方法和变极调速的控制原理，简单探讨了变频调速的原理及作为调速发展方向的特点。

通过查阅资料，熟悉异步电动机的调速方法、原理、适用范围；通过案例，分析工作过程，熟悉双速电动机变极调速控制的实现。

项目学习目标

任务	重点	难点	关键能力
异步电动机调速控制	1. 异步电动机调速方法 2. 变极调速控制线路原理分析	双速电动机变极调速控制的实现	双速电动机变极调速控制的实现

任务三十　异步电动机调速控制

一、调速方法

异步电动机调速常用来改善机床的调速性能和简化机械变速装置，根据三相异步电动机的转速公式：$n=\frac{60f_1}{p}(1-s)$。其中，s 为转差率；f_1 为电源频率；p 为定子绕组的磁极对数。

三相异步电动机的调速方法有：

（1）改变电源频率 f_1——变频调速。

（2）改变定子绕组的磁极对数 p——变极调速。

（3）改变转差率 s——串级调速。

异步电动机调速应用如图 8-1 所示。

（a）变极调速双速电机

（b）变频调速电机

（c）电磁调速电机

图 8-1　异步电动机调速应用

二、变极调速

1．变极调速原理

当电网频率固定后，三相异步电动机的同步转速与它的磁极对数成反比。因此，只要改变异步电动机定子绕组的磁极对数，就能改变电动机的同步转速，从而改变转子转速。在改变定子极数时，转子极数也要随之改变。为了避免在转子方面进行变极改接的麻烦，变极电动机常用笼型转子，因为笼型转子本身没有固定的极数，它的极数是由定子磁场极数确定的，不用改装。

2．变极方法

磁极对数的改变通常采用两种方法：一种方法是在一个定子上安装两个独立的绕组，各自具有不同的极数；另一种方法是通过改变一个绕组的连接来改变极数，或者说改变定子绕组每相的电流方向，在应用中常采用这种方法。由于构造复杂，通常速度改变的比值为 2 : 1。如果想获得更多的速度等级，如四速电动机，可同时采用上述两种方法，即在定子上装两个绕组，每一个绕组都能改变极数。

3．4/2 极双速笼型异步电动机定子绕组的连接方法

4/2 极双速异步电动机定子绕组接线示意图如图 8-2 所示。

低速连接：电动机定子绕组有 U1、V1、W1、U2、V2、W2 六个接线端。在图 8-2（a）中，将电动机定子绕组的 U1、V1、W1 三个接线端子接三相交流电源，U2、V2、W2 三个接线端悬空，三相定子绕组按三角形接线，电动机极数为 4 极。

高速连接：如果将电动机定子绕组的 U2、V2、W2 三个接线端子接到三相电源上，而将 U1、V1、W1 三个接线端子短接，如图 8-2（b）所示，则原来三相定子绕组的三角形连接变成双星形连接，此时电动机极数变为 2 极。

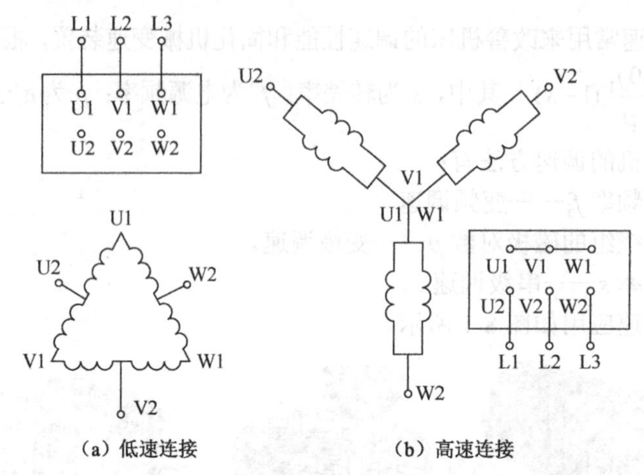

（a）低速连接　　（b）高速连接

图 8-2　4/2 极双速异步电动机定子绕组接线示意图

在变极时，必须改变电动机的电源相序，以保持电动机高速和低速时的转向一致。例如，在图 8-2 中，当电动机绕组为三角形连接时，将 U1、V1、W1 分别接到三相电源 U、V、W 上；当电动机的定子绕组为双星形连接，即由 4 极变到 2 极时，为了保持电动机转向不变，应将 V2、U2、W2 分别接到三相电源 U、V、W 上。

4．双速笼型异步电动机的控制

现以△—YY 双速笼型异步电动机控制为例，分析其工作原理，电路原理图如图 8-3 所示。

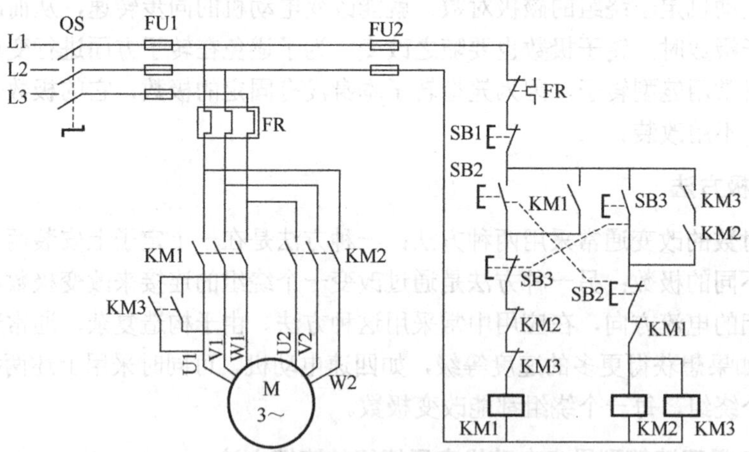

图 8-3　△—YY 双速笼型异步电动机的控制线路图

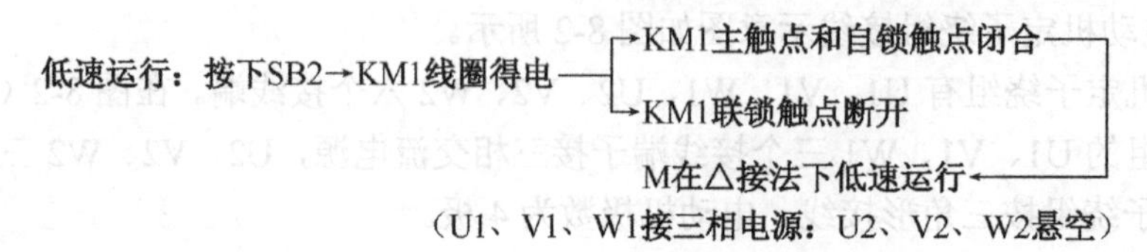

高速运行：按下SB3→KM1线圈失电→KM2、KM3线圈得电→

→KM2、KM3主触点和自锁触点闭合→M在YY接法下高速运行（U1、V1、W1连在一起；U2、V2、W2接三相电源）

→KM2、KM3联锁触点断开

三、变频调速控制

异步电动机的变压变频调速系统一般简称为变频调速系统。由于在调速时转差功率不随转速而变化，调速范围宽，无论是高速还是低速时效率都较高，在采取一定的技术措施后能实现高动态性能，可与直流调速系统媲美，目前，交流变频调速技术以其优异的性能而深受各行业的欢迎，并已取得了显著的社会效益。

异步电动机的转速 n 与定子供电频率之间有以下关系：

$$n=(1-s)n_0=\frac{60f_1}{p}(1-s)$$

由上式可知，只要平滑地调节异步电动机定子的供电频率 f_1，同步转速 n_0 随之改变，就可以平滑地调节转速 n，从而实现异步电机的无级调速，这就是变频调速的基本原理。

想一想

双速电机从低速到高速的自动切换

当电动机高速旋转时，为了减小高速启动时的能耗和机械冲击，启动时电动机以△接法启动，然后自动地转换为YY运行。如图8-4所示为其控制电路，原理请自行分析。

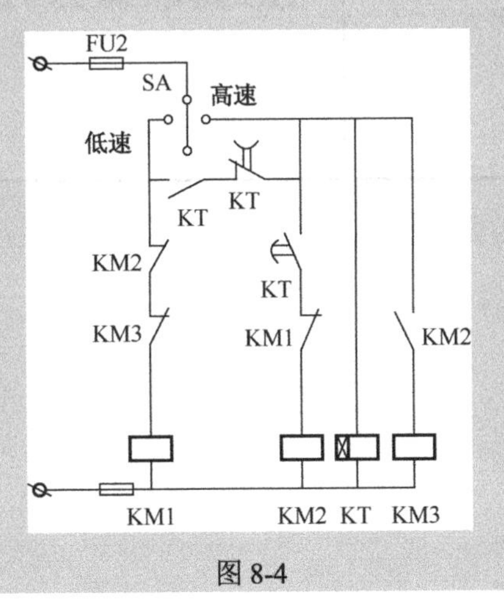

图 8-4

练一练

（1）简述电机的调速方法及应用举例。

（2）简述变极调速的原理及双速电机的实现方法。

（3）试分析图8-5中三个控制线路的工作原理。（b）图与（c）图的主电路与（a）图相同。

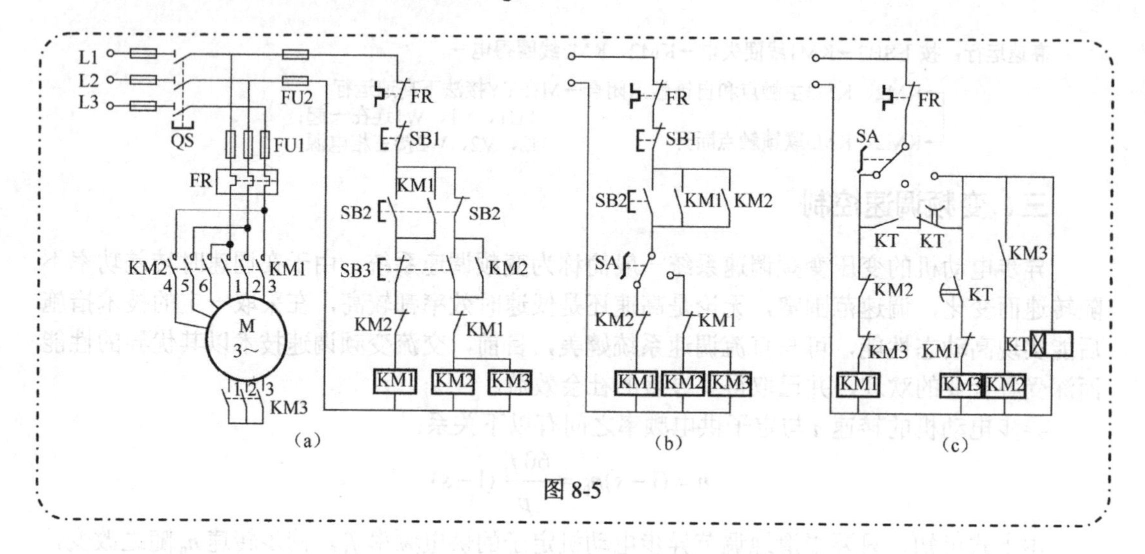

图 8-5

项目八　知识点、技能点、能力测试点

知识点	技能点	能力测试点
1. 异步电动机的调速方法 2. 变极调速原理 3. 适用变极调速的电动机类型 4. 变极方法 5. 双速异步电动机的定子绕组连接方法 6. 双速电动机变极时的注意事项 7. 双速电动机控制线路工作原理 8. 变频调速原理	变极调速控制线路的安装与调试	变极调速控制的实现

项目九

电动机直接启动的 PLC 输入、输出接线

学习指南

可编程控制器（简称 PLC）在现代电气控制系统中已得到了广泛应用，常用于实现对控制对象的程序控制。本项目是 PLC 最基础的知识和技能，需要理解、掌握 PLC 的定义、特点、组成、工作过程和 I/O 接线。学习中，应主动了解、熟记 PLC 的定义、特点、工作过程和组成，并能编制 I/O 地址分配表，通过实操训练掌握 I/O 接线工艺。

项目学习目标

任务	重点	难点	关键能力
PLC 基本知识	PLC 结构	工作流程	PLC 控制方式选择
PLC 的 I/O 接线	I/O 接线类型	I/O 与程序执行关系	I/O 地址分配表、I/O 接线示意图

任务三十一　PLC 基本知识

传统的继-接控制系统（如图 9-1 所示），由于大量使用物理元件和导线，造成控制装置可靠性低、响应速度慢、更新换代周期长、维修工作量大、能耗高等不足。为了弥补继-接控制系统的不足，产生了 PLC 控制技术。

图 9-1　传统的继-接控制系统

PLC 控制技术是在继-接控制技术的基础上演变而来的一种技术，它具有可靠性高、维修工作量小、低能耗、响应速度快、更新换代周期短等特点，是目前广泛使用的控制技术之一。

一、PLC 定义

国际电工委员会（IEC）于 1987 年颁布了可编程控制器的定义。定义如下："可编程控制器是一种数字运算操作的电子系统，专为在工业环境下应用而设计。它采用可编程序的存储器，用来在其内部存储执行逻辑运算、顺序控制、定时、计数和算术运算等操作的指令，并通过数字式和模拟式的输入和输出，控制各种类型的机械或生产过程。可编程控制器及其有关外围设备，都应按易于与工业系统连成一个整体，易于扩充其功能的原则设计"。FX 系列 PLC 的外形如图 9-2 所示。

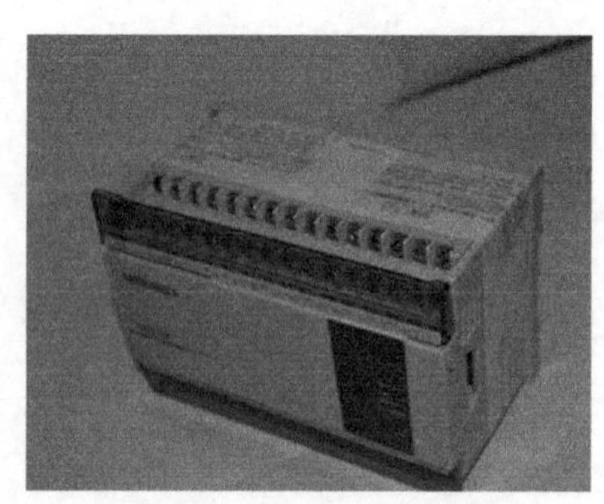

图 9-2　FX 系列 PLC 的外形

对 PCL 的认识需要注意以下几点。

（1）PLC 是电子系统，FX 系列输出端最大工作电流为 8A，因此 PLC 控制负载有直接控制（PLC 输出端直接连接负载进行控制）和间接控制（PLC 输出端连接主电路相关低压电器线圈，实现对负载的间接控制）两种方式。

（2）PLC 内部只能处理数字信号，当输入（输出）是模拟信号时，应考虑在硬件上增加模拟量输入（输出）模块。

（3）PLC 需要进行 I/O 接线。

二、PLC 特点

（1）可靠性高、抗干扰能力强。

（2）编程简单、使用方便。

（3）功能完善、通用性强。

（4）设计安装简单、维护方便。

（5）体积小、重量轻、能耗低。

需要注意的是：

（1）PLC 无法替代继-接控制线路的主电路。

（2）不同品牌的 PLC 通用性较差。

三、结构

1. PLC 的硬件组成

对于整体式 PLC，所有部件都装在同一机壳内，其组成框图如图 9-3 所示；对于模块式 PLC，各部件独立封装成模块，各模块通过总线连接，安装在机架或导轨上，其组成框图如图 9-4 所示。无论是哪种结构类型的 PLC，都可以根据用户需要进行配置与组合。

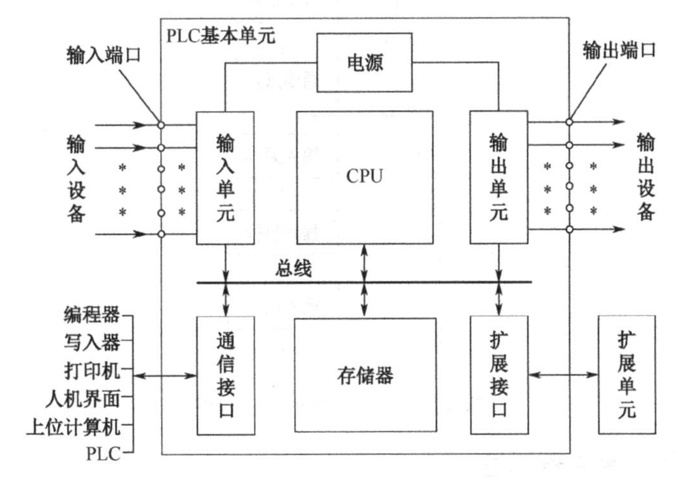

图 9-3　整体式 PLC 组成框图

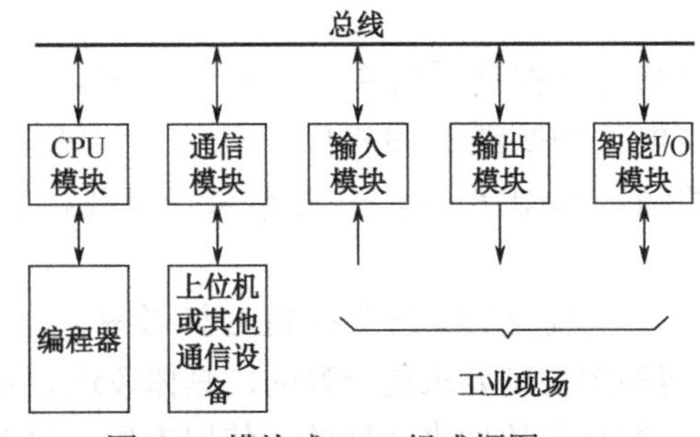

图 9-4　模块式 PLC 组成框图

PLC 通常由中央处理单元（CPU）、存储器、输入/输出单元、通信接口、智能接口模块、编程装置、电源和其他外部设备等组成。除了以上所述的部件和设备外，PLC 还有许多外部设备，如 EPROM 写入器、外存储器、人/机接口装置等。

2. PLC 的软件组成

PLC 的软件由系统程序和用户程序组成。系统程序由 PLC 制造厂商设计编写，用户不能直接写与更改。用户程序是用户利用 PLC 的编程语言，根据控制要求编制的程序。在 PLC 的应用中，最重要的是用 PLC 的编程语言来编写用户程序，以实现控制目的。

四、工作过程

如图 9-5 所示，PLC 的整个工作过程包括内部处理、通信服务、输入采样、程序执行、输出刷新五个阶段。

（1）整个过程扫描执行一次所需的时间称为扫描周期。

（2）PLC 的工作状态有停止和运行两种形式。

（3）程序执行顺序是从上到下，从左至右。

（4）PLC 执行程序是周期性循环扫描方式。

（5）PLC 在工作过程中是分阶段完成当前任务的。

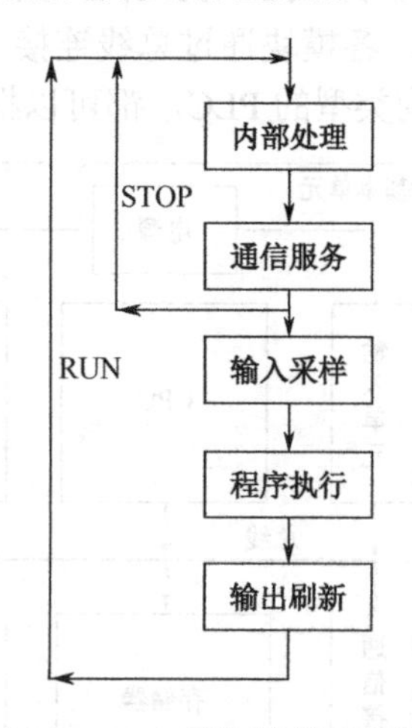

图 9-5　PLC 工作过程示意图

五、梯形图、指令表语言

1. 梯形图语言

梯形图语言是在传统电气控制系统中常用的接触器、继电器等图形表达符号的基础上演变而来的。它与电气控制线路图相似，继承了传统电气控制逻辑中使用的框架结构、逻辑运算方式和输入/输出形式，具有形象、直观、实用的特点，是 PLC 的第一编程语言。

如图 9-6 所示是传统的电气控制线路图和 PLC 梯形图。

从图中可以看出，两种图控制要求是一致的，具体表达方式有一定区别。PLC 的梯形图使用的是虚拟继电器，都是由软件来实现的，使用方便，修改灵活，是原电气控制线路

硬接线无法比拟的。

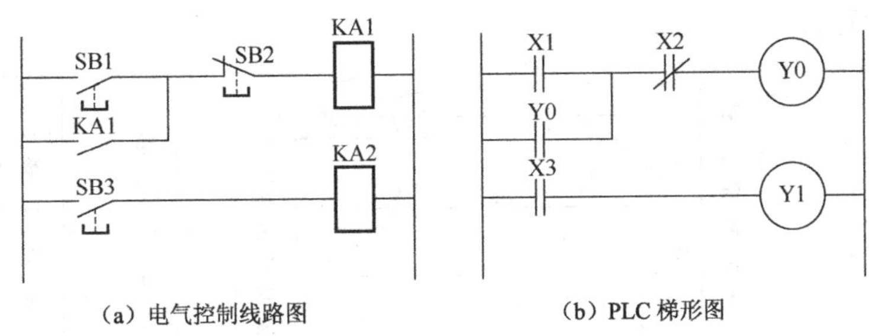

（a）电气控制线路图　　（b）PLC梯形图

图9-6　电气控制线路图与梯形图

2．指令表语言

它是一种与汇编语言类似的助记符编程表达方式。在PLC应用中，经常使用简易编程器输入程序，而这种编程器只能输入指令表。因此，就用一系列PLC操作命令组成的指令表将梯形图描述出来，再通过简易编程器输入到PLC中。虽然各个PLC生产厂家的指令表形式不尽相同，但基本功能相差无几。表9-1是与图9-6中梯形图对应的（FX系列PLC）指令表程序。

表9-1　指令表

步序号	指令	元件号
0	LD	X1
1	OR	Y0
2	ANI	X2
3	OUT	Y0
4	LD	X3
5	OUT	Y1

步是指令表程序的基本单元，每个步由步序号、指令和元件号3部分组成。

任务三十二　PLC的I/O接线

PLC通过输入端接收现场信号，然后由其内部的CPU运行程序，产生输出信号，通过输出端控制PLC的负载，实现被控对象的功能。正确的I/O接线，是保证被控对象实现功能的重要因素之一。

一、I/O与程序执行关系

I/O与程序的执行关系如图9-7所示。

当PLC的输入端输入信号发生变化到PLC输出端对该输入变化作出反应，需要一段时间，这种现象称为PLC输入/输出响应滞后，它是设计PLC应用系统时应注意把握的一个参数。

PLC输入/输出响应滞后，一方面由PLC扫描工作方式造成，另一方面是PLC输入接口的滤波环节带来的输入延迟，以及输出接口中驱动器件的动作时间带来输出延迟，同时还与程序设计有关。

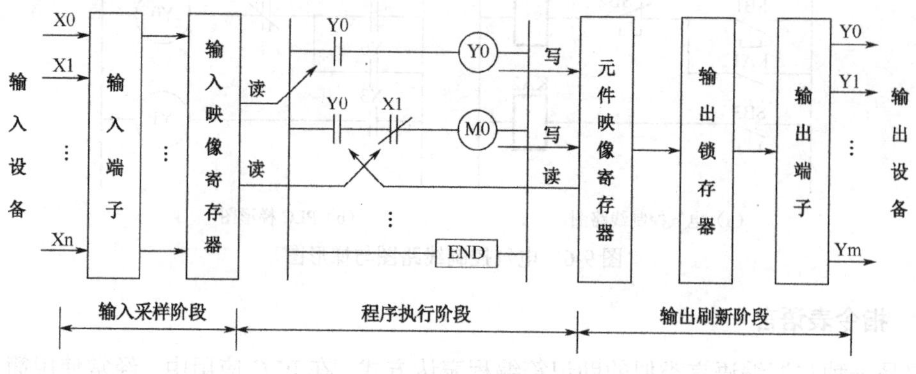

图 9-7　I/O 与程序的执行关系

二、I/O 接线类型

1. 汇点式

如图 9-8 所示为汇点式输入接线示意图，它的特点是所有输入端只有一个 COM 端。

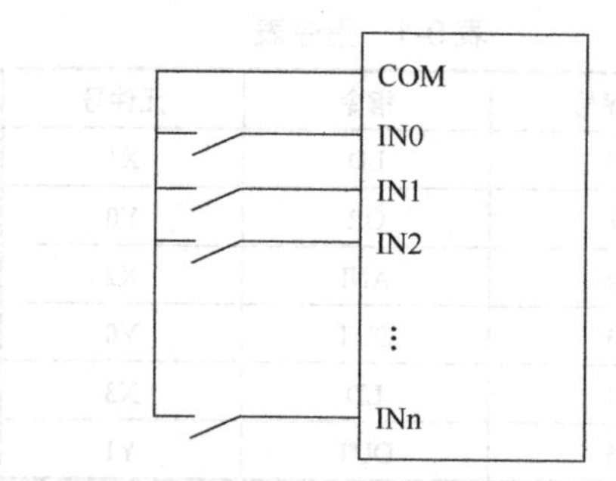

图 9-8　汇点式输入接线示意图

2. 分组式

如图 9-9 所示为分组式 I/O 接线示意图，它的特点是每组 I/O 都有自己的 COM 端。

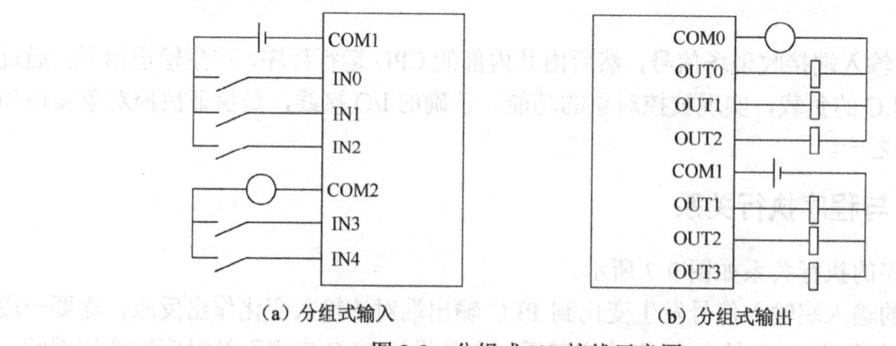

图 9-9　分组式 I/O 接线示意图

3. 分隔式

如图 9-10 所示为分隔式输出接线示意图，它的特点是每点输出都有自己的 COM 端。

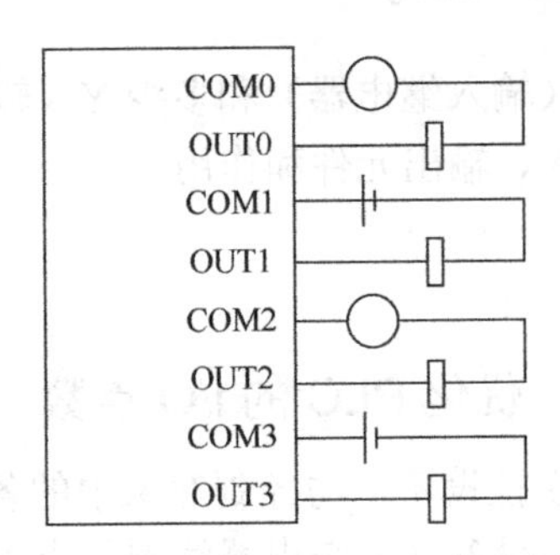

图 9-10　分隔式输出接线示意图

I/O 接线需要 I/O 接线示意图进行支持，而 I/O 接线示意图又需要 I/O 与输入、输出元件的对应关系进行支持。因此在 I/O 接线前，应先编制 I/O 地址分配表和绘制 I/O 接线示意图。

案例：

根据图 9-11 所示的梯形图，编制电动机直接启动的 I/O 地址分配表和绘制 I/O 接线示意图。

X0　X1　Y0
Y0

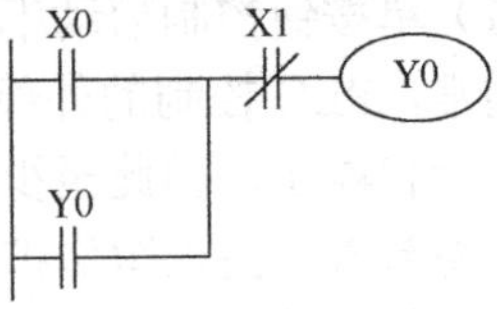

图 9-11　电动机单方向旋转控制梯形图程序

分析梯形图可知，有输入两点，即 X1 和 X2，分别用按钮输入启动、停止信号；输出一点，即 Y0 驱动 KM 线圈，从而控制主电路的通、断。I/O 地址分配表见表 9-2，I/O 接线示意图如图 9-12 所示。

表 9-2　I/O 地址分配表

输入			输出		
地址	输入元件	作用	地址	输出元件	作用
X0	SB1	启动	Y0	KM 线圈	主电路通、断
X1	SB2	停车			

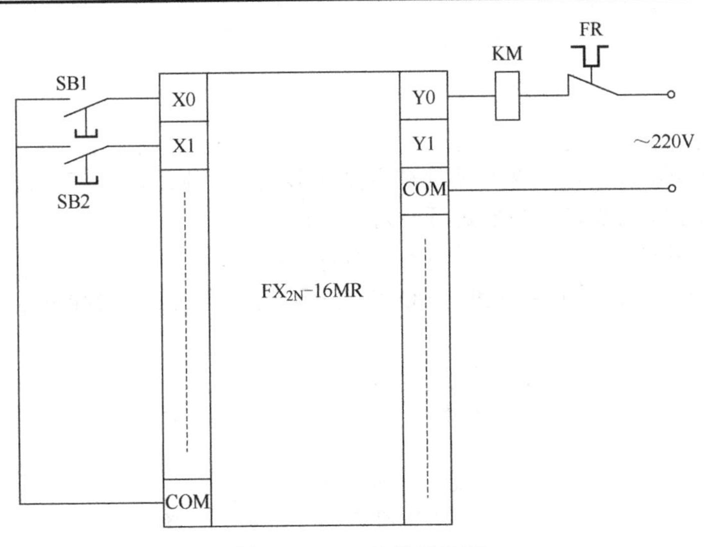

图 9-12　I/O 接线示意图

I/O 地址分配表和 I/O 接线示意图编制和绘制的步骤是：

（1）分析梯形图有多少 X（输入继电器）和多少 Y（输出继电器）.

（2）分析 X、Y 对应的输入、输出元件和作用。

想一想

优化 PLC 的 I/O 点数

在控制系统中，PLC 作为主控设备，与控制对象中的各种输入信号（如按钮、接近开关、编码器等检测信号）和输出设备（如继电器线圈、电磁换向阀等执行元件）相关联，随着控制系统的复杂程度增加和控制设备增多，PLC 需要的输入、输出点数也大量增加，这就有必要通过采用各种方法对 I/O 点数进行优化，来减少系统占用 I/O 点数使用数量，提高 I/O 的利用率，降低硬件使用成本。

（1）单按钮控制启动/停止。

通常，PLC 控制的外部设备至少要有一个启动和一个停止按钮作为输入信号来控制程序的运行和停止，因此至少需要两个输入点，在点数紧张的情况下可采用单按钮控制进行优化，将节省下的点留作扩展功能。

（2）优化输入点数。

在某些应用场合下有“自动控制/手动控制”的要求，并且在运行过程中，自动和手动不会同时进行，这样就可以将自动和手动按照不同的控制状态分组接入 PLC 输入端，可减少输入点，提高输入点的利用率，在某些联锁情况下，如果 PLC 内部不采集该触点信号的状态，可采用物理联锁的方式进行，即在硬件连接上进行联锁（不必每一个开关量都接到 PLC 的输入端），也可在一定程度上减少输入点数。

（3）优化输出点数。

除了优化输入点数外还可以优化输出点数，对系统整个运行过程中，输出状态完全一样的执行元件可以采用并联的方式，但要注意负载的功率情况，通常情况下采用继电器加续流二极管的方式。此外还可以采用三八线译码器等方法，但需采用外部元器件，操作略微复杂一些。

练一练

（1）PLC 输出部件的输出级有哪几种常见的形式？分别适用于带什么类型负载？

（2）PLC 按 I/O 点数和结构形式可分为几类？

（3）PLC 常用的编程语言有哪几种？各有什么特点？

（4）编制如图 9-13 所示梯形图的 I/O 地址分配表和绘制 I/O 接线示意图，并进行接线操作。

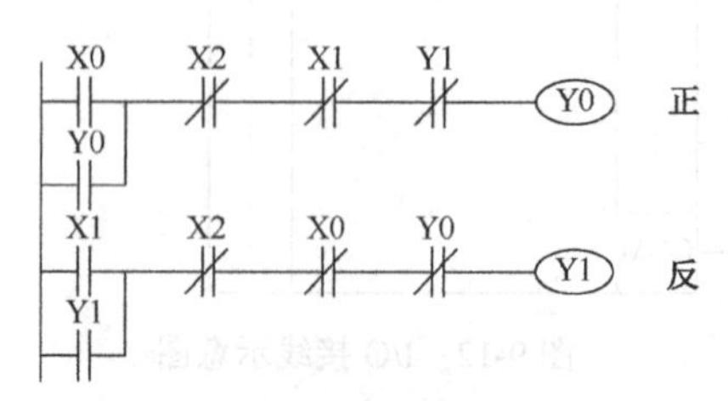

图 9-13　电动机正反转控制梯形图

技能训练七　I/O 接线训练

一、训练目的

（1）会编制 I/O 地址分配表。

（2）会绘制 I/O 接线示意图。

（3）会 PLC 的开关量 I/O 接线。

二、训练器材

FX_{2N}（FX_{0N}、FX_{1N}、FX_{2C}）的 PLC、交流接触器（线圈 220V）、热继电器、按钮、BVR-0.75mm^2、电工通用工具。

三、训练步骤

（1）分析图 9-13 所示梯形图程序，编制 I/O 地址分配表。

（2）根据 I/O 地址分配表，绘制 I/O 接线示意图。

（3）根据 I/O 接线示意图进行接线。

四、注意事项

（1）PLC 输出端外接电源的类型、电压等级由对应输出端的参数决定。

（2）PLC 输入端需外接电源时，应注意直流电源电压等级。

（3）PLC 的 I/O 接线应遵守电工工艺要求。

项目九　知识点、技能点、能力测试点

知识点	技能点	能力测试点
1. PLC 的定义 2. PLC 的特点 3. PLC 的结构 4. PLC 的工作流程 5. PLC 的工作状态 6. PLC 的程序执行方式 7. PLC 程序执行的顺序 8. 梯形图的特点 9. 指令表的特点	PLC 的选用	PLC 控制方式选择
1. I/O 与程序执行的关系 2. I/O 接线类型 3. 编制 I/O 地址分配表的方法 4. 绘制 I/O 接线示意图的方法	I/O 接线	1. 编制 I/O 地址分配表 2. 绘制 I/O 接线示意图 3. I/O 接线

项目十

编制电动机直接启动控制程序

学习指南

PLC 要实现对控制对象的程序控制，需要掌握编程方法。本项目介绍 PLC 最基础、容易入门的经验编程法，需要理解、掌握经验编程法的特点、编程技巧、编程注意事项、编程元件的选用、梯形图与指令表的相互转换及编程器的使用。学习中，应主动了解、熟记经验编程法的特点、编程注意事项、编程元件和基本逻辑指令，并能熟练使用编程器，通过编程训练掌握编程技巧和梯形图与指令表的相互转换。

项目学习目标

任务	重点	难点	关键能力
编程元件	编程元件功能	编程元件选用	编程元件使用
基本逻辑指令	基本逻辑指令功能	基本逻辑指令选用	梯形图与指令表的相互转换、FX-20P 编程器使用
编程基本知识	编程的基本规则	编程技巧	梯形图的规范和简化
经验编程法编程	基本电路编程	继-接控制电路改造	编程

任务三十三　认识编程元件

编制程序是将相应的编程元件组合起来，实现控制装置的控制和保护要求。因此，首先应了解编程元件的作用和使用注意事项，然后了解如何将编程元件进行组合，即编程方法。由于编程时经常采用梯形图，而 PLC 唯一能够接受的程序形式为指令表，因此还需要了解指令系统，以实现梯形图与指令表的相互转换。

编程元件是虚拟元件，它是存储器的一个存储单元，能实现给定的功能，与低压电器类似，但又存在本质上的差异。

一、数据结构

1．十进制数

它用于定时器/计数器的设定值；辅助继电器（M）、定时器（T）、计数器（C）、状态（S）等编程元件的元件序号；应用指令的数值型操作数及指令动作常数（K）。

2．八进制数

它用于输入继电器（X）、输出继电器（Y）的元件序号。

二、FX_{2N}编程元件

1．输入继电器（X）

输入继电器与输入端相连，它是专门用来接收 PLC 外部开关信号的元件。PLC 通过输入接口将外部输入信号状态（接通时为“1”，断开时为“0”）读入并存储在输入映象寄存器中。如图 10-1 所示为输入继电器 X1 的等效电路。

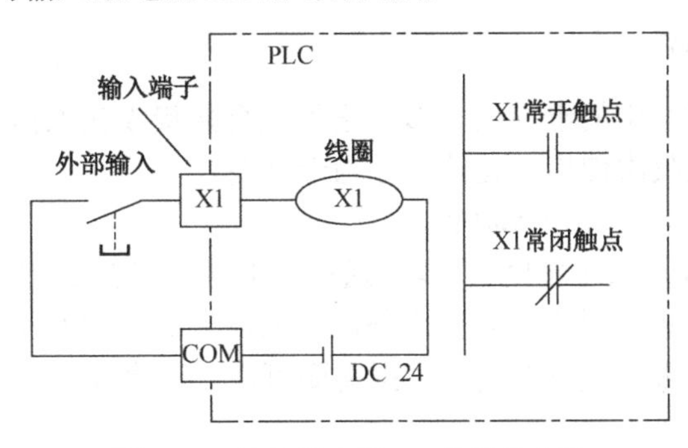

图 10-1　输入继电器 X1 的等效电路

对于输入继电器的理解需要把握以下几点。

（1）输入继电器的元件序号为八进制，如 X7 后续为 X10、X17 后续为 X20。

（2）输入继电器有两个唯一，一是唯一能够接收 PLC 外部开关信号的编程元件；二是唯一受输入信号控制的编程元件，即不受用户程序控制，因此它们的线圈不能出现在用户程序中。

（3）虚拟常开、常闭触点有无限个。

（4）编程元件的元件号由元件的类型符号加上元件序号组成，如 X20，X 是输入继电器的类型符号，20是元件序号（地址）。

编程元件线圈的状态有“通电”“断电”两种状态。编程元件线圈“通电”除定时器、计数器外，其余编程元件触点动作，常开闭合，常闭断开；线圈“断电”触点复位，常开断开，常闭闭合。

2. 输出继电器（Y）

输出继电器用于将PLC内部信号输出传送给外部负载（用户输出设备）。输出继电器线圈由PLC内部程序的指令驱动，其线圈状态传送给输出单元，再由输出单元对应的硬触点来驱动外部负载，每个输出继电器在输出单元中都对应有一个常开物理触点。如图10-2所示为输出继电器Y0的等效电路。

对于输出继电器的理解需要把握以下几点。

（1）输出继电器是唯一能直接输出信号的编程元件。

（2）输出继电器的元件序号为八进制，如Y7后续为Y10、Y17后续为Y20。

（3）虚拟常开、常闭触点有无限个。

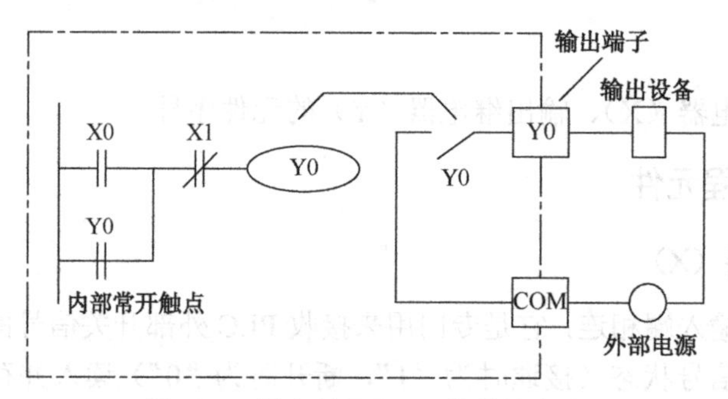

图10-2　输出继电器Y0的等效电路

3. 辅助继电器（M）

一般的辅助继电器与中间继电器相似，它不能直接接收输入信号，也不能直接驱动外部负载，虚拟触点可无限次使用，元件序号为十进制。

（1）通用辅助继电器（M0～M499）。

FX_{2N}系列共有500点通用辅助继电器。通用辅助继电器在PLC运行时，如果电源断电，则全部线圈均OFF。当恢复供电，除了因外部输入信号而变为ON的以外，其余的仍将保持OFF状态，它们没有断电记忆功能。根据需要可通过程序设定，将M0～M499变为断电保持辅助继电器。

（2）断电保持辅助继电器（M500～M3071）。

FX_{2N}系列有M500～M3071共2572点断电保持辅助继电器。它具有断电保护功能，即能记忆电源中断瞬时的状态，并在重新通电后再现其状态。其中M500～M1023可由软件将其设定为通用辅助继电器。

编程元件是以元件序号来区分同类编程元件的不同种类，如M499是通用辅助继电器，而M500是断电保持辅助继电器。

（3）特殊辅助继电器。

它们都有各自的特殊功能，可分成触点型和线圈型两大类。

① 触点型。其线圈由PLC的系统程序控制，用户只可使用其触点。例如：

M8000：运行监视器（在 PLC 运行中接通），M8001 与 M8000 相反逻辑。

M8002：初始脉冲（仅在运行开始时瞬间接通），M8003 与 M8002 相反逻辑。

M8011、M8012、M8013 和 M8014 分别是产生 10ms、100ms、1s 和 1min 时钟脉冲的特殊辅助继电器。

② 线圈型。由用户程序驱动线圈后，PLC 执行特定的动作。例如：

M8033：若使其线圈得电，则 PLC 停止时保持输出映象存储器和数据寄存器内容。

M8034：若使其线圈得电，则将 PLC 的输出全部禁止。

M8039：若使其线圈得电，则 PLC 按 D8039 中指定的扫描时间工作。

使用特殊辅助继电器时，首先需弄清楚用来实现什么功能，然后弄清楚它是触点型还是线圈型，以指导正确使用。

4．定时器（T）

定时器（T）相当于继-接电气控制系统中的通电型时间继电器，它可以提供无限对常开常闭延时触点。

FX_{2N} 系列的定时器有通用定时器、积算定时器两种。它们是对定时单位进行累计而实现定时的，定时单位有 1ms、10ms、100ms 三种，当定时器线圈“通电”后，它的当前值等于设定值时，延时触点动作，设定值可用常数 K 或数据寄存器 D 的内容来设置。

（1）通用定时器。

通用定时器的特点是不具备断电的保持功能，即当定时器线圈“断电”时，延时触点复位，有 100ms 和 10ms 通用定时器两种。

① 100ms 通用定时器（T0～T199）共 200 点，其中 T192～T199 为子程序和中断服务程序专用定时器。这类定时器对 100ms 定时单位进行累积计数，定时范围为 0.1～3276.7s。

② 10ms 通用定时器（T200～T245）共 46 点。这类定时器对 10ms 定时单位进行累积计数，定时范围为 0.01～327.67s。

下面举例说明通用定时器的工作原理。如图 10-3 所示，当输入 X0 接通时，定时器 T200 从 0 开始对 10ms 时钟脉冲进行累积计数，当计数值与设定值 K123 相等时，定时器的常开触点接通 Y0，经过的时间为 123×0.01s=1.23s。当 X0 断开后定时器复位，计数值变为 0，其常开触点断开，Y0 也随之 OFF。若外部电源断电，定时器也将复位。

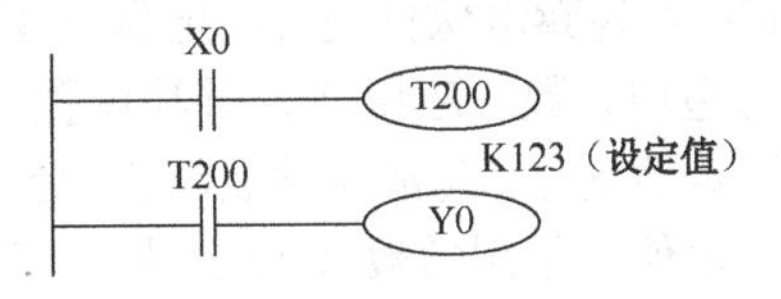

图 10-3　通用定时器工作原理

（2）积算定时器。

积算定时器具有计数累积的功能。在定时过程中如果断电或定时器线圈 OFF，积算定时器将保持当前的计数值（当前值），当通电或定时器线圈 ON 后继续累积，即其当前值具有保持功能，只有将积算定时器复位，当前值才变为 0。

① 1ms 积算定时器（T246～T249）共 4 点，是对 1ms 时钟脉冲进行累积计数的，定时的时间范围为 0.001～32.767s。

② 100ms 积算定时器（T250～T255）共 6 点，是对 100ms 时钟脉冲进行累积计数的，定时的时间范围为 0.1～3276.7s。

下面举例说明积算定时器的工作原理。如图 10-4 所示，当 X0 接通时，T253 当前值计数器开始累积 100ms 的时钟脉冲的个数。当 X0 经 t_0 时间后断开，而 T253 尚未计数到设定值 K345 时，其计数的当前值保留。当 X0 再次接通，T253 从保留的当前值开始继续累积，经过t_1时间后，当前值达到K345时，定时器的触点动作。累积的时间为$t_0+t_1=0.1\times345=34.5s$。当复位输入X1接通时，定时器才复位，当前值变为0，触点也跟随复位。

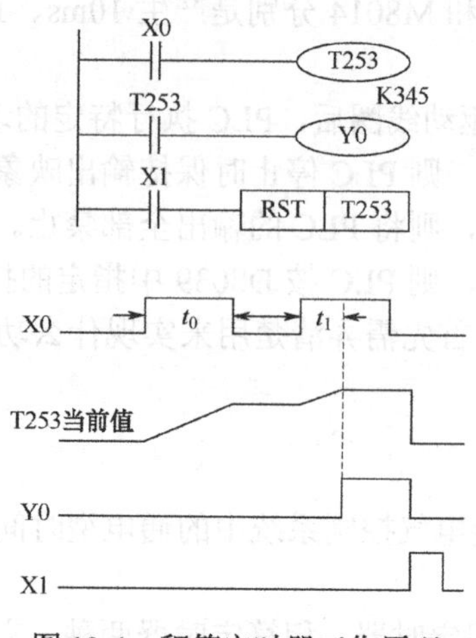

图10-4 积算定时器工作原理

使用定时器时应注意：

① 定时器没有瞬动触点，延时方式只有通电延时。

② 确定设定值时，应先知道该点定时器的定时单位大小。

5．计数器（C）

FX_{2N}系列计数器分为内部计数器和高速计数器两类。

（1）内部计数器。

内部计数器用于在执行扫描操作时对内部信号（如X、Y、M、S、T等）进行计数。内部输入信号的接通和断开时间应比PLC的扫描周期稍长。

① 16位增计数器（C0～C199）共200点，其中C0～C99为通用型，C100～C199共100点为断电保持型（断电保持型即断电后能保持当前值待通电后继续计数）。这类计数器为递加计数，应用前先对其设置一设定值，当输入信号（上升沿）个数累加到设定值时，计数器动作，其常开触点闭合、常闭触点断开。计数器的设定值为1～32767（16位二进制），设定值除了用常数K设定外，还可间接通过指定数据寄存器设定。

下面举例说明通用型16位增计数器的工作原理。如图10-5所示，X10为复位信号，当X10为ON时C0复位。X11是计数输入，每当X11接通一次计数器当前值增加1（注意X10断开，计数器不会复位）。当计数器计数当前值为设定值10时，计数器C0的输出触点动作，Y0被接通。此后即使输入X11再接通，计数器的当前值也保持不变。当复位输入X10接通时，执行RST复位指令，计数器复位，输出触点也复位，Y0被断开。

② 32位增/减计数器（C200～C234）共有35点，其中C200～C219（共20点）为通用型，C220～C234（共15点）为断电保持型。这类计数器除与16位增计数器位数不同外，还在于它能通过控制实现加/减双向计数。设定值范围为-214783648～+214783647（32位）。

C200～C234是增计数还是减计数，由特殊辅助继电器M8200～M8234设定。对应的特殊辅助继电器被置为ON时为减计数，置为OFF时为增计数。

计数器的设定值与16位计数器一样，可直接用常数K或间接用数据寄存器D的内容作为设定值。在间接设定时，要用编号紧连在一起的两个数据计数器。

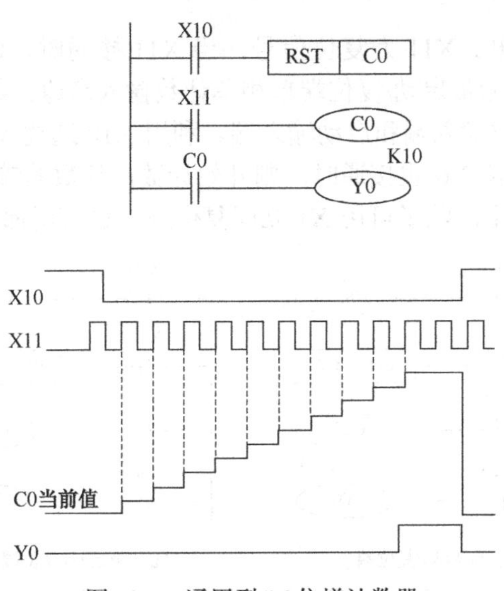

图 10-5　通用型 16 位增计数器

如图 10-6 所示，X10 用来控制 M8200，X10 闭合时为减计数方式。X12 为计数输入，C200 的设定值为 5（可正、可负）。设 C200 置为增计数方式（M8200 为 OFF），当 X12 计数输入累加由 4→5 时，计数器的输出触点动作。当前值大于 5 时计数器仍为 ON 状态。只有当前值由 5→4 时，计数器才变为 OFF。只要当前值小于 4，则输出则保持为 OFF 状态。复位输入 X11 接通时，计数器的当前值为 0，输出触点也随之复位。

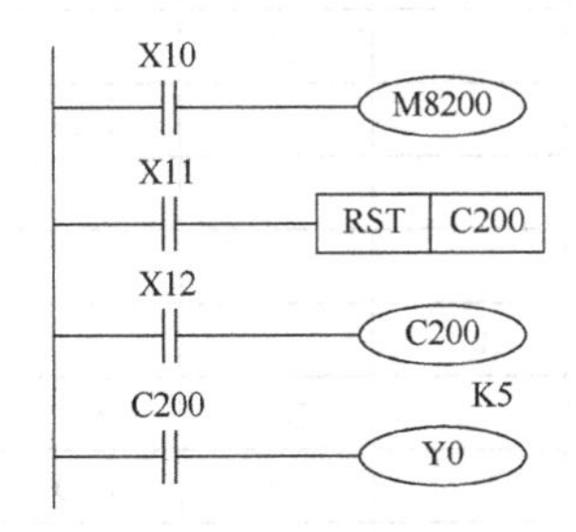

图 10-6　32 位增/减计数器

（2）高速计数器（C235～C255）。

高速计数器与内部计数器相比除允许输入频率高之外，应用也更为灵活，高速计数器均有断电保持功能，通过参数设定也可变成非断电保持。FX_{2N} 系列 PLC 有 C235～C255 共 21 点高速计数器，只能用来作为高速计数器输入的 PLC 输入端口有 X0～X7。X0～X7 不能重复使用，即某一个输入端已被某个高速计数器占用，它就不能再用于其他高速计数器，也不能用于它用。各高速计数器对应的输入端如表 10-1 所示。

高速计数器可分为四类。

① 单相单计数输入高速计数器（C235～C245），其触点动作与 32 位增/减计数器相同，可进行增或减计数（取决于 M8235～M8245 的状态）。

如图 10-7（a）所示为无启动/复位端单相单计数输入高速计数器的应用。当 X10 断开时，M8235 为 OFF，此时 C235 为增计数方式（反之为减计数）。由 X12 选中 C235，从表 10-1 中可知其输入信号来自于 X0，C235 对 X0 信号增计数，当前值达到 1234 时，

C235 常开接通，Y0 得电。X11 为复位信号，当 X11 接通时，C235 复位。

如图 10-7（b）所示为带启动/复位端单相单计数输入高速计数器的应用。由表 10-1 可知，X1 和 X6 分别为复位输入端和启动输入端。利用 X10 通过 M8244 可设定其增/减计数方式。当 X12 为接通，且 X6 也接通时，则开始计数，计数的输入信号来自于 X0，C244 的设定值由 D0 和 D1 指定。除了可用 X1 立即复位外，也可用梯形图中的 X11 复位。

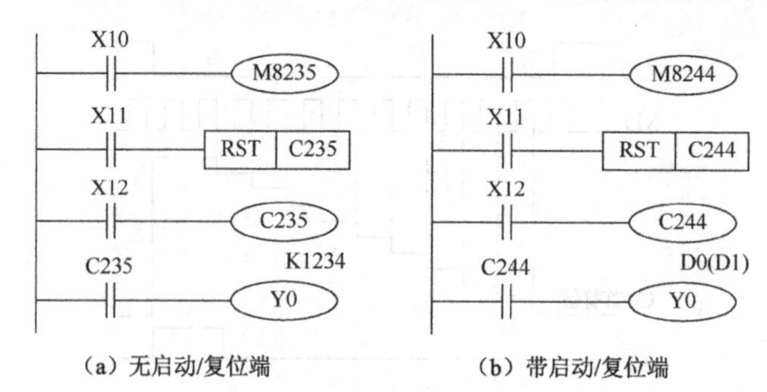

（a）无启动/复位端　　（b）带启动/复位端

图 10-7　单相单计数输入高速计数器

表 10-1　高速计数器输入端

类型 \ 输入		X0	X1	X2	X3	X4	X5	X6	X7
单相单计数器	C235	U/D							
	C236		U/D						
	C237			U/D					
	C238				U/D				
	C239					U/D			
	C240						U/D		
	C241	U/D	R						
	C242			U/D	R				
	C243				U/D	R			
	C244	U/D	R					S	
	C245			U/D	R				S
单相双计数器	C246	U	D						
	C247	U	D	R					
	C248				U	D	R		
	C249	U	D	R				S	
	C250				U	D	R		S
双相双计数器	C251	A	B						
	C252	A	B	R					
	C253				A	B	R		
	C254	A	B	R				S	
	C255				A	B	R		S

注：U 表示加计数输入，D 为减计数输入，B 表示 B 相输入，A 为 A 相输入，R 为复位输入，S 为启动输入。X6、X7 只能用作启动信号，而不能用作计数信号。

② 单相双计数输入高速计数器（C246～C250），这类高速计数器具有两个输入端，一个为增计数输入端，另一个为减计数输入端。利用 M8246～M8250 的 ON/OFF 动作可监控 C246～C250 的增计数/减计数动作。

如图 10-8 所示，X10 为复位信号，其有效（ON）则 C248 复位。由表 10-1 可知，也可利用 X5 对其复位。当 X11 接通时，选中 C248，输入来自 X3 和 X4。

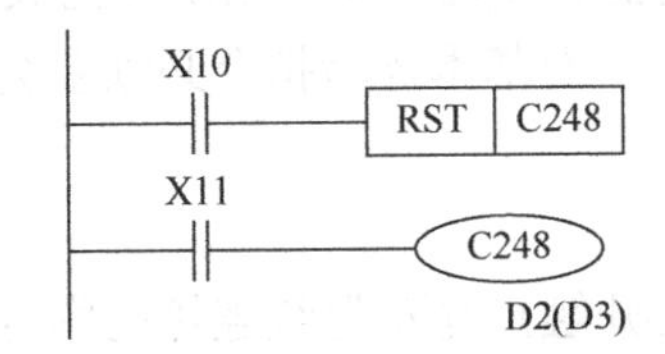

图 10-8 单相双计数输入高速计数器

③ 双相高速计数器（C251～C255），A 相和 B 相信号决定计数器是增计数还是减计数。当 A 相为 ON 时，B 相由 OFF 到 ON，则为增计数；当 A 相为 ON 时，若 B 相由 ON 到 OFF，则为减计数，如图 10-9（a）所示。

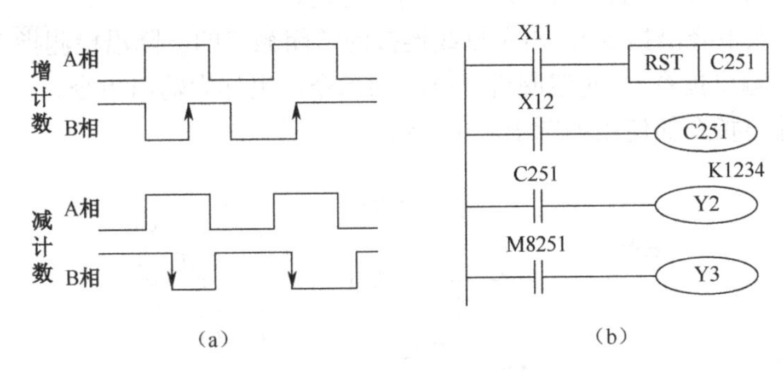

图 10-9 双相高速计数器

如图 10-9（b）所示，当 X12 接通时，C251 计数开始。由表 10-1 可知，其输入来自 X0（A 相）和 X1（B 相）。只有当计数使当前值超过设定值，则 Y2 为 ON。如果 X11 接通，则计数器复位。根据不同的计数方向，Y3 为 ON（增计数）或为 OFF（减计数），即用 M8251～M8255，可监视 C251～C255 的加/减计数状态。

注意：高速计数器的计数频率较高，它们的输入信号的频率受两方面的限制。一是全部高速计数器的处理时间，因它们采用中断方式，所以计数器用得越少，则可计数频率就越高；二是输入端的响应速度，其中 X0、X2、X3 最高频率为 10kHz，X1、X4、X5 最高频率为 7kHz。

6．常数（K、H）

K 是表示十进制整数的符号，主要用来指定定时器或计数器的设定值及应用功能指令操作数中的数值；H 是表示十六进制数，主要用来表示应用功能指令的操作数值。例如，20 用十进制表示为 K20，用十六进制则表示为 H14。

任务三十四 基本逻辑指令

编程时经常采用直观易学的梯形图，而 PLC 进行程序输入时，只能用指令表，因此 PLC 在输入程序时，需要将梯形图转换为指令表；当需要对 PLC 内的用户程序进行分析时，需要将指令表转换为梯形图，这就需要应用指令系统来完成。FX_{2N} 系列 PLC 指令系统包括基本逻辑指令和功能指令两部分，而基本逻辑指令必须要会使用。

一、取指令与输出指令

（1）LD（取指令）。一个常开触点与左母线连接的指令，每一个以常开触点开始的逻辑行都用此指令。

（2）LDI（取反指令）。一个常闭触点与左母线连接指令，每一个以常闭触点开始的逻辑行都用此指令。

（3）LDP（取上升沿指令）。与左母线连接的常开触点的上升沿检测指令，仅在指定位元件的上升沿（由 OFF→ON）时接通一个扫描周期。

（4）LDF（取下降沿指令）。与左母线连接的常闭触点的下降沿检测指令。

（5）OUT（输出指令）。对线圈进行驱动的指令，也称为输出指令。

取指令与输出指令的使用如图 10-10 所示。

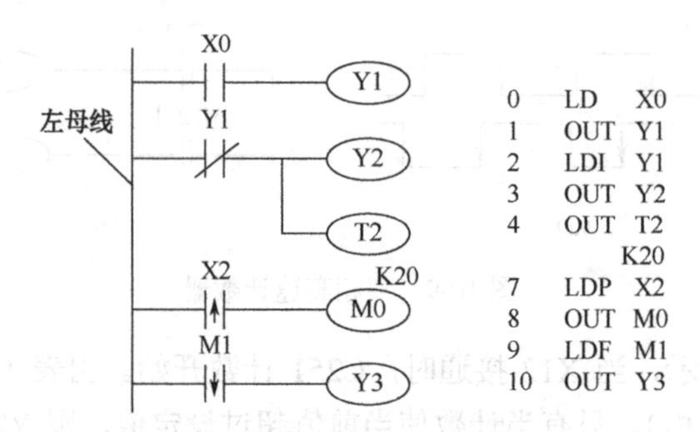

图 10-10 取指令与输出指令的使用

上述指令在使用时应注意以下几点。

① LD、LDI 指令既可以用于输入左母线相连的触点，也可以与 ANB、ORB 指令配合实现块逻辑运算。

② LDP、LDF 指令仅在对应元件有效时维持一个扫描周期的接通。图 10-10 中，当 M1 有一个下降沿时，Y3 只有一个扫描周期为 ON。

③ LD、LDI、LDP、LDF 指令的目标元件为 X、Y、M、T、C、S。

④ OUT 指令可以连续使用若干次（相当于线圈并联），对于定时器和计数器，在 OUT 指令之后应设置常数 K 或数据寄存器。

⑤ OUT 指令的目标元件为 Y、M、T、C 和 S，但不能用于 X。

⑥ 使用 LD、LDI、LDP、LDF 指令的连接线，又称为 LD、LDI、LDP、LDF 线，简称 LD 线。

⑦ 将梯形图转换为指令表的顺序是“从上到下，从左至右”；转换的关系为“当前元

件与前元件的连接关系”。

二、触点串联指令

（1）AND（与指令）。一个常开触点串联连接指令。

（2）ANI（与反指令）。一个常闭触点串联连接指令。

（3）ANDP。上升沿检测串联连接指令。

（4）ANDF。下降沿检测串联连接指令。

触点串联指令的使用如图 10-11 所示。

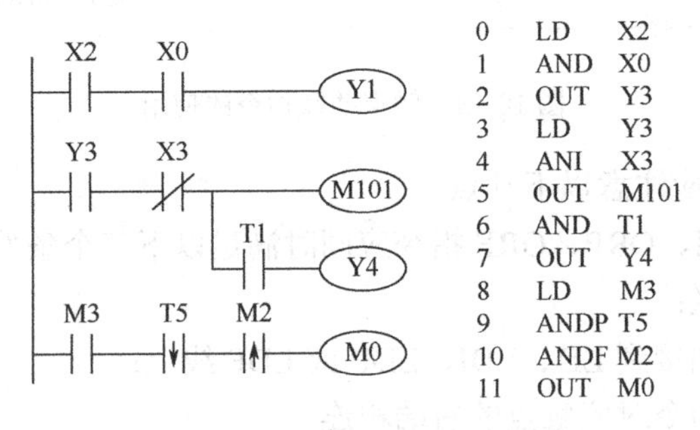

图 10-11　触点串联指令的使用

上述指令在使用时应注意以下几点。

（1）AND、ANI、ANDP、ANDF 都是单个触点串联连接的指令，串联次数没有限制，可反复使用。

（2）AND、ANI、ANDP、ANDF 的目标元件为 X、Y、M、T、C 和 S。

（3）图 10-11 中 OUT M101 指令之后通过 T1 的触点去驱动 Y4 称为连续输出。

（4）如果不是连续输出，应该使用栈指令进行转换，如图 10-12 所示。

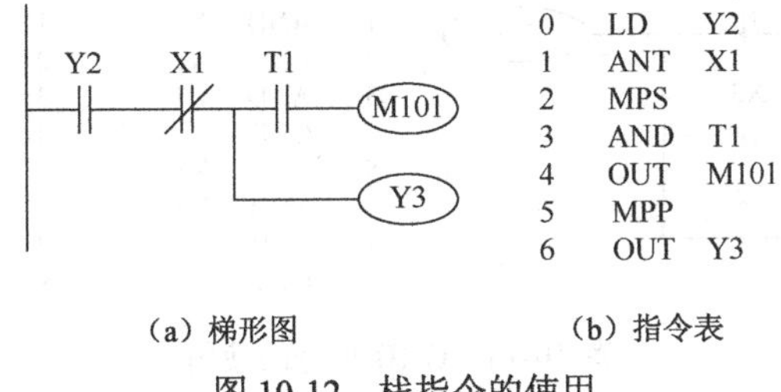

（a）梯形图　　　　（b）指令表

图 10-12　栈指令的使用

三、触点并联指令

① OR（或指令）。用于单个常开触点的并联。

② ORI（或非指令）。用于单个常闭触点的并联。

③ ORP。上升沿检测并联连接指令。

④ ORF。下降沿检测并联连接指令。

触点并联指令的使用如图 10-13 所示。

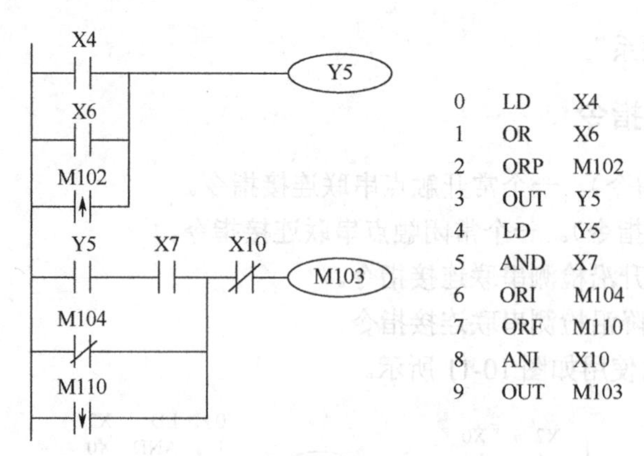

图 10-13 触点并联指令的使用

上述指令在使用时应注意以下几点。

（1）使用 OR、ORI、ORP、ORF 指令应同时满足以下三个条件：

① 单个触点的并联；

② 并联触点的左端接到 LD、LDI、LDP 或 LDF 线上；

③ 右端与前一条指令对应触点的右端相连。

（2）触点并联指令连续使用的次数不限。

（3）OR、ORI、ORP、ORF 指令的目标元件为 X、Y、M、T、C、S。

四、块操作指令

1．ORB（块或指令）。

用于串联电路块之间的并联。ORB 指令的使用如图 10-14 所示。

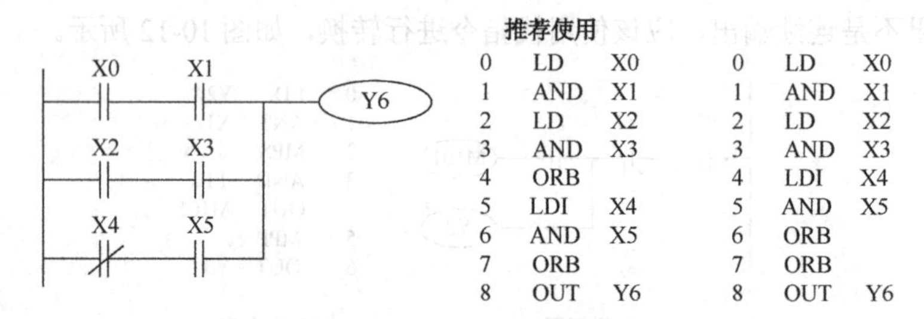

图 10-14 ORB 指令的使用

在使用 ORB 指令时应注意以下几点。

（1）两个及以上触点串联形成的电路，称为串联电路块。

（2）ORB 指令的使用，应按以下顺序：

① 串联电路块并联时，串联电路块起点元件应使用 LD 或 LDI 指令；

② 完成串联电路块内连接；

③ 将串联电路块与前面电路并联，使用 ORB 指令，即 ORB 指令在梯形图中是一根垂直连线，因此 ORB 指令后没有元件号。

2．ANB（块与指令）。

用于并联电路块之间的串联。ANB 指令的使用说明如图 10-15 所示。

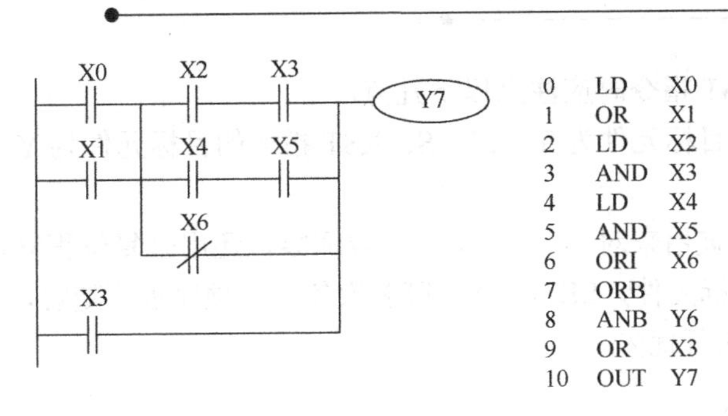

图 10-15　ANB 指令的使用

在使用 ANB 指令时应注意以下几点。

（1）两个及以上触点并联形成的电路，称为并联电路块。

（2）ANB 指令的使用，应按以下顺序：

① 并联电路块串联时，并联电路块起点元件应使用 LD 或 LDI 指令；

② 完成并联电路块内连接；

③ 将并联电路块与前面电路串联，使用 ANB 指令，即 ANB 指令在梯形图中是一根水平连线，因此 ANB 指令后没有元件号。

（3）可连续使用 ANB，与 ORB 一样，使用次数在 8 次以下。

五、置位与复位指令

（1）SET（置位指令）。它的作用是使被操作的目标元件置位并保持。

（2）RST（复位指令）。使被操作的目标元件复位并保持清零状态。

SET、RST 指令的使用如图 10-16 所示。当 X0 常开接通时，Y0 变为 ON 状态并一直保持该状态，即使 X0 断开 Y0 的 ON 状态仍维持不变；只有当 X1 的常开闭合时，Y0 才变为 OFF 状态并保持，即使 X1 常开断开，Y0 也仍为 OFF 状态。

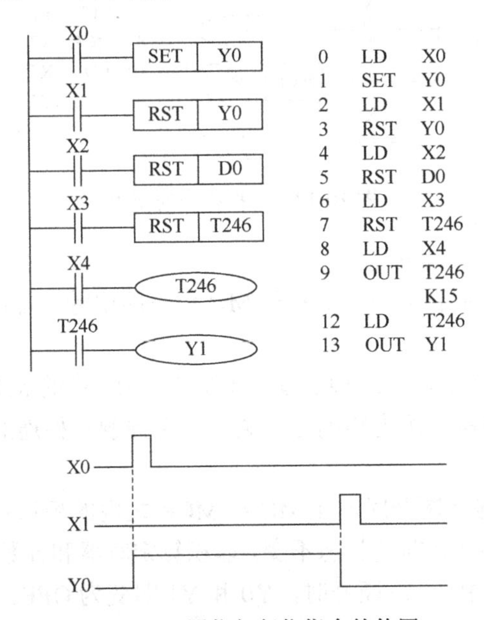

图 10-16　置位与复位指令的使用

使用 SET 和 RST 指令时应注意以下几点。

① SET 指令的目标元件为 Y、M、S；RST 指令的目标元件为 Y、M、S、T、C、D、V、Z。

② RST 指令常被用来对 D、Z、V 的内容清零，还用来复位积算定时器和计数器。

③ 对于同一目标元件，SET、RST 可多次使用，顺序也可随意，当 SET 和 RST 同时有效时，RST 指令执行优先。

六、主控指令

(1) MC（主控指令）。用于公共串联触点的连接。执行 MC 后，左母线移到 MC 触点的后面。

(2) MCR（主控复位指令）。它是 MC 指令的复位指令，即利用 MCR 指令恢复原左母线的位置。

在编程时常会出现这样的情况，多个线圈同时受一个或一组触点控制，如果在每个线圈的控制电路中都串入同样的触点，将占用很多存储单元，使用主控指令就可以解决这一问题。MC、MCR 指令的使用如图 10-17 所示，利用 MC N0 M100 实现左母线右移，使 Y0、Y1 都在 X0 的控制之下，其中 N0 表示嵌套等级，在无嵌套结构中 N0 的使用次数无限制；利用 MCR N0 恢复到原左母线状态。如果 X0 断开则会跳过 MC、MCR 之间的指令向下执行。

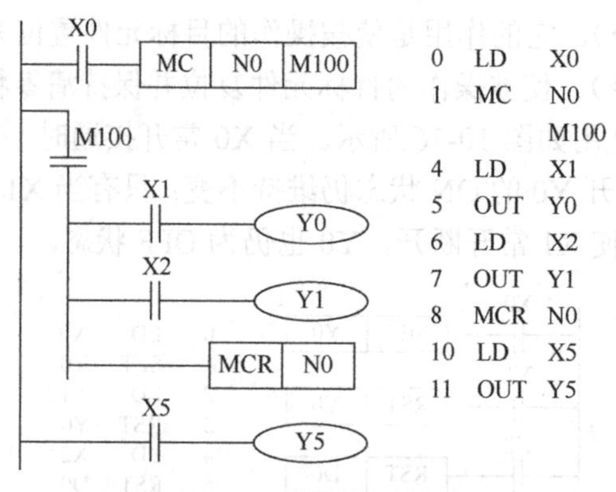

图 10-17 主控指令的使用

使用主控指令时应注意以下几点。

① MC、MCR 指令的目标元件为 Y 和 M，但不能用特殊辅助继电器。MC 占 3 个程序步，MCR 占 2 个程序步。

② 主控触点在梯形图中与一般触点垂直（如图 10-17 中的 M100）。主控触点是与左母线相连的常开触点，是控制一组电路的总开关。与主控触点相连的触点必须用 LD 或 LDI 指令。

③ MC 指令的输入触点断开时，在 MC 和 MCR 之内的积算定时器、计数器、用复位/置位指令驱动的元件保持其之前的状态不变。非积算定时器和计数器，用 OUT 指令驱动的元件将复位，如图 10-17 中当 X0 断开时，Y0 和 Y1 即变为 OFF。

④ 在一个 MC 指令区内若再使用 MC 指令称为嵌套。嵌套级数最多为 8 级，编号按

N0→N1→N2→N3→N4→N5→N6→N7 顺序增大，每级的返回用对应的 MCR 指令，从编号大的嵌套级开始复位。

七、栈指令

栈指令是 FX 系列中新增的基本指令，用于多重输出电路，为编程带来了很大便利。在 FX 系列 PLC 中有 11 个存储单元，它们专门用来存储程序运算的中间结果，被称为栈存储器。

（1）MPS（进栈指令）。将运算结果送入栈存储器的第一段，同时将先前送入的数据依次移到栈的下一段。

（2）MRD（读栈指令）。将栈存储器最后进栈的数据读出，且该数据继续保存在栈存储器的第一段，栈内的数据不发生移动。

（3）MPP（出栈指令）。将栈存储器最后进栈的数据读出且该数据从栈中消失，同时将栈中其他数据依次上移。

栈指令的使用如图 10-18 所示，其中图 10-18（a）为一层栈，进栈后的信息可无限使用，最后一次使用 MPP 指令弹出数据；图 10-18（b）为二层栈，它用了两个栈单元。

在使用栈指令时应注意以下几点。

① 堆栈指令没有目标元件。

② MPS 和 MPP 必须配对使用。

③ 由于栈存储单元只有 11 个，所以栈的层次最多 11 层。

④ 出栈顺序为后进先出。

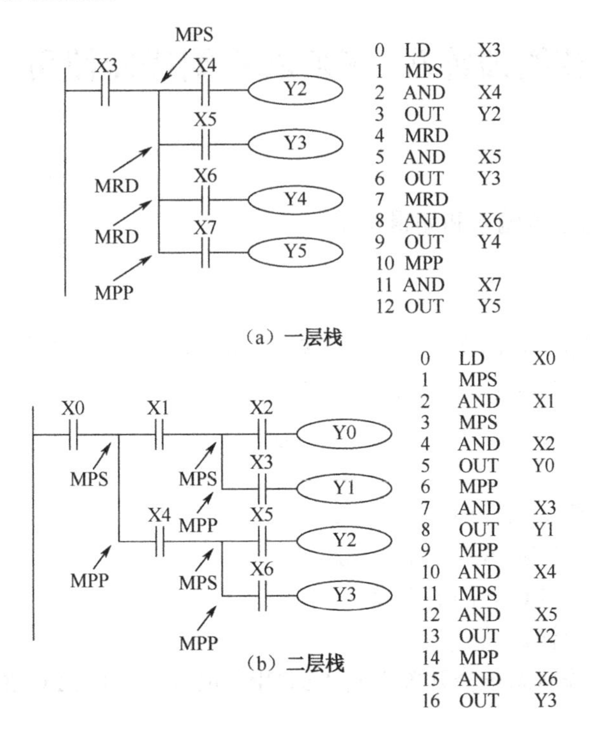

图 10-18　栈指令的使用

八、取反、空操作与结束指令

(1)INV(取反指令)。执行该指令后将原来的运算结果取反。取反指令的使用如图 10-19 所示，如果 X0 断开，则 Y0 为 ON，否则 Y0 为 OFF。使用时应注意 INV 不能像指令表的 LD、LDI、LDP、LDF 那样与母线连接，也不能像指令表中的 OR、ORI、ORP、ORF 指令那样单独使用。

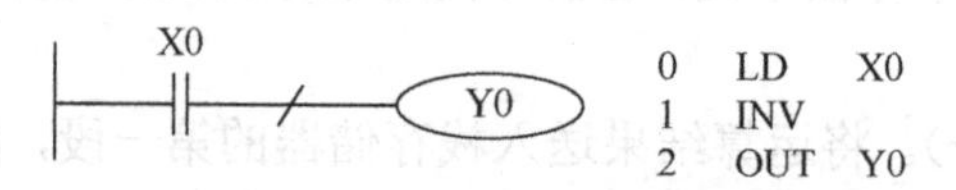

图 10-19　取反指令的使用

(2) NOP（空操作指令)。不执行操作，但占一个程序步。执行 NOP 时并不做任何事，有时可用 NOP 指令短接某些触点或用 NOP 指令将不要的指令覆盖。当 PLC 执行了清除用户存储器操作后，用户存储器的内容全部变为空操作指令。

(3) END（结束指令)。表示程序结束。若程序的最后不写 END 指令，则 PLC 不管实际用户程序多长，都从用户程序存储器的第一步执行到最后一步；若有 END 指令，当扫描到 END 时，则结束执行程序，这样可以缩短扫描周期。在程序调试时，可在程序中插入若干 END 指令，将程序划分若干段，在确定前面程序段无误后，依次删除 END 指令，直至调试结束。

技能训练八　FX-20P 编程器使用

一、训练目的

会使用 FX-20P 编程器输入和编辑程序。

二、训练器材

FX_{2N}（FX_{0N}、FX_{1N}、FX_{2C}）的 PLC、FX-20P 编程器、交流接触器（线圈 220V)、热继电器、按钮、BVR-0.75mm^2、电工通用工具。

三、训练步骤

(1) 将图 9-11 的梯形图转换为指令表。

(2) 根据图 9-12，安装 PLC 的 I/O 电路。

(3) 连接编程器与 PLC 之间的电缆。

(4) 接通 PLC 的电源。

(5) 将 PLC 的工作状态选择开关扳到“STOP”位置，此时 PLC 面板上的“RUN”灯熄灭。

(6) 通过操作编程器上的“↑”或“↓”键，将光标“■”移到“ONLINE（在线编程）”

位置，然后按“GO”键，编程器进入在线编程模式。

（7）如果PLC内有程序，操作编程器上的“RD/WR”键，让编程器屏幕左上角显示“W”，编程器进入“写”状态，按照NOP→A→GO的顺序依次键入，清除程序。

（8）输入程序。操作编程器上的“RD/WR”键，让编程器屏幕左上角显示“W”，编程器进入“写”状态，将指令表按从上到下、从左至右的顺序依次键入，步序号由编程器自动生成，不需要键入，每“步”键入完成后，需按“GO”键确认。如3 OR　X0，依次键入OR→X→0→GO。

（9）编程元件T或C的K值键入。键入OUT T（C）后，然后键入SP（空格键），再键入K，最后键入K值。

（10）编程程序。

① 修改某“步”指令。操作编程器上的“RD/WR”键，让编程器屏幕左上角显示“W”，编程器进入“写”状态，将光标移到所需修改指令的位置，输入正确指令，然后按GO键。

② 插入指令。按INS/DEL键，屏幕左上角显示“I”，然后将光标移到需插入位置的后一条指令，输入插入指令，最后按GO键。

③ 删除指令。

删除单条：光标移到需删除指令位置，然后按INS/DEL键，屏幕左上角显示“D”，最后按GO键。

删除程序中的NOP指令：按INS/DEL键，屏幕左上角显示“D”，然后按NOP键，最后按GO键。

删除指定范围的程序：按INS/DEL键，屏幕左上角显示“D”，依次键入STEP→起始步序号→SP→STEP→终止步序号→GO。

④ 快捷查找。按RD/WR键，屏幕左上角显示“R”，依次键入STEP→被查“步”的步序号→GO。

（11）程序输入无误后，将PLC的工作状态选择开关扳到“RUN”位置，此时PLC面板上的“RUN”灯变亮，然后运行程序，观察PLC面板I/O指示，是否符合动作顺序。

四、注意事项

（1）编程器在线编程，需将编程器用专用电缆与PLC进行连接。

（2）PLC输入程序时，PLC的工作状态选择开关应扳到“STOP”位置。

（3）编程器每个操作完成后，都要按GO键进行确认。

（4）编程器进行某个操作前，应将编程器处在对应的状态，如输入程序，应将编程器处在“W”状态，即“写”状态。

任务三十五　编程基本知识

一、编程的基本规则

尽管梯形图与继-接控制电路图在结构形式、元件符号及逻辑控制功能等方面相类似，但它们又有许多不同之处，梯形图具有自己的编程规则。

（1）每一逻辑行总是起于左母线，然后是触点的连接，最后终止于线圈或右母线（右母线可以省略）。

注意：左母线与线圈之间一定要有触点，而线圈与右母线之间则不能有任何触点。

（2）梯形图中的触点可以任意串联或并联，但线圈只能并联而不能串联。

（3）一般情况下，在梯形图中同一线圈只能出现一次。如果在程序中，同一线圈使用了两次或多次，称为“双线圈输出”。对于“双线圈输出”，有些PLC将其视为语法错误，绝对不允许；有些PLC则将前面的输出视为无效，只有最后一次输出有效；而有些PLC，在含有跳转指令或步进指令的梯形图中允许双线圈输出。

（4）对于不可编程的梯形图必须通过等效变换，变成可编程梯形图，如图10-20所示。

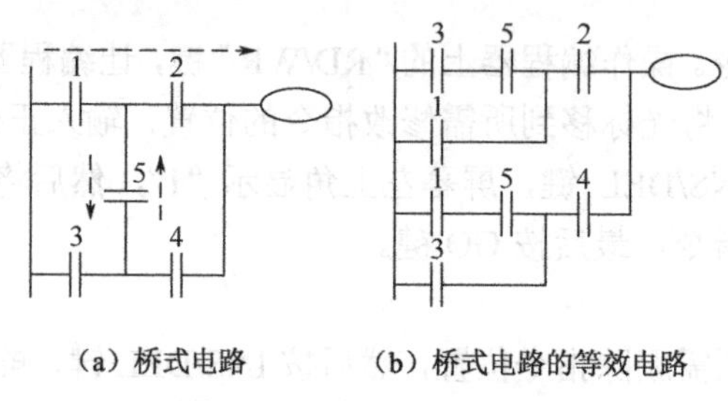

（a）桥式电路　　（b）桥式电路的等效电路

图10-20　桥式电路的转换

建议用户尽可能用输入设备的常开触点与PLC输入端连接，如果某些信号只能用常闭输入，可先按输入设备为常开来设计，然后将梯形图中对应的输入继电器触点取反（常开改成常闭、常闭改成常开）。

二、编程技巧

程序编制完成后，应将程序进行简化，减少PLC的执行时间。下面介绍常用的编程技巧，以实现程序的简化。

（1）并联电路上下位置可以调整，将单个触点的支路放在下面，如图10-21所示。

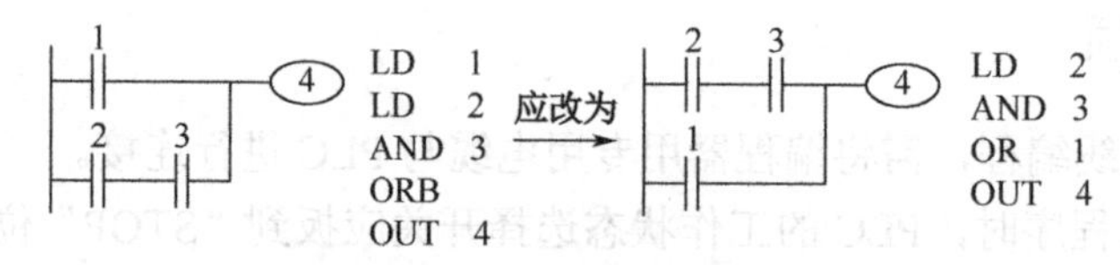

图10-21　并联电路的简化

（2）串联电路左右位置可以调整，将单个触点放在右边，如图10-22所示。

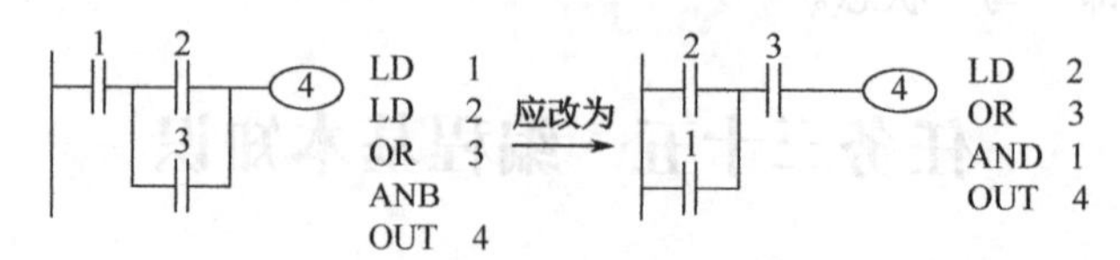

图10-22　串联电路的简化

（3）双线圈输出的处理，如图10-23所示。

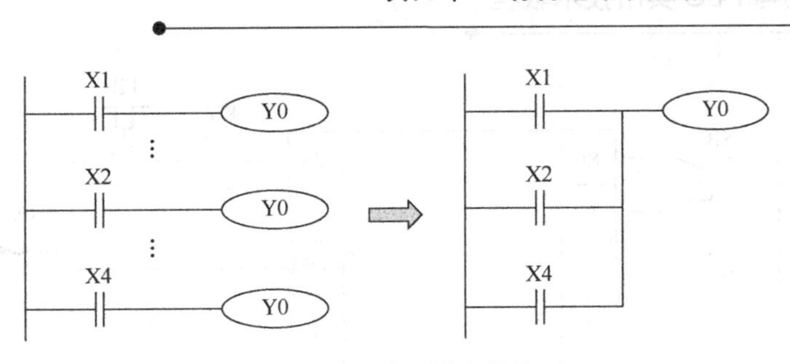

图 10-23　双线圈输出的处理

（4）并联线圈应将串联触点放在下面，如图 10-24 所示。

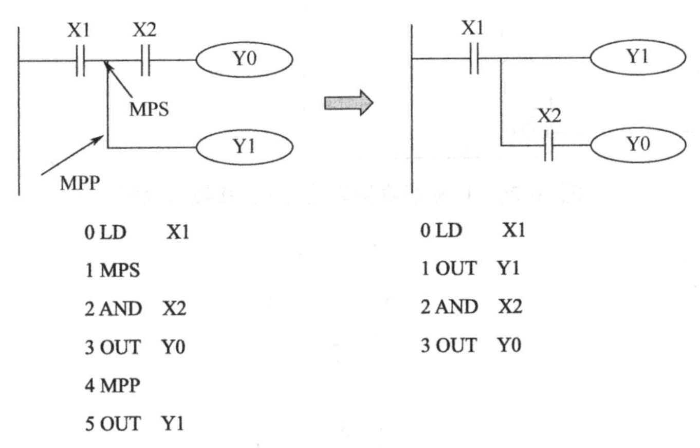

图 10-24　并联线圈的简化

任务三十六　经验编程法编程

在 PLC 发展的初期，沿用设计继-接电路图的方法来设计梯形图程序，即在已有的典型梯形图的基础上，根据被控对象对控制的要求，不断地修改和完善梯形图。有时需要多次反复地调试和修改梯形图，不断地增加中间编程元件和触点，最后才能得到一个较为满意的结果。这种方法没有普遍的规律可以遵循，设计所用的时间、设计的质量与编程者的经验有很大的关系，所以有人把这种设计方法称为经验设计法。它可以用于逻辑关系较简单的梯形图程序设计。

用经验设计法设计 PLC 程序时大致可以按下面几步来进行：分析控制要求，选择控制原则；设计主令元件和检测元件，确定输入、输出设备；设计执行元件的控制程序；检查修改和完善程序。下面通过基本电路的编程来介绍经验设计法。

一、编制电动机直接启动控制程序（起保停电路）

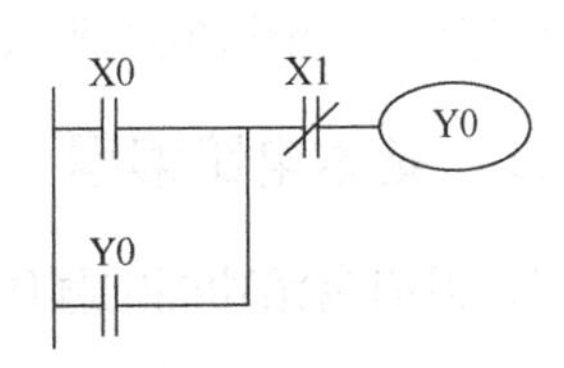

图 10-25　电动机直接启动控制程序

如图 10-25 所示，它是编程中经常使用的典型电路，特别是应用于基于起保停的顺序编程法中，因此必须清楚它的工作流程。

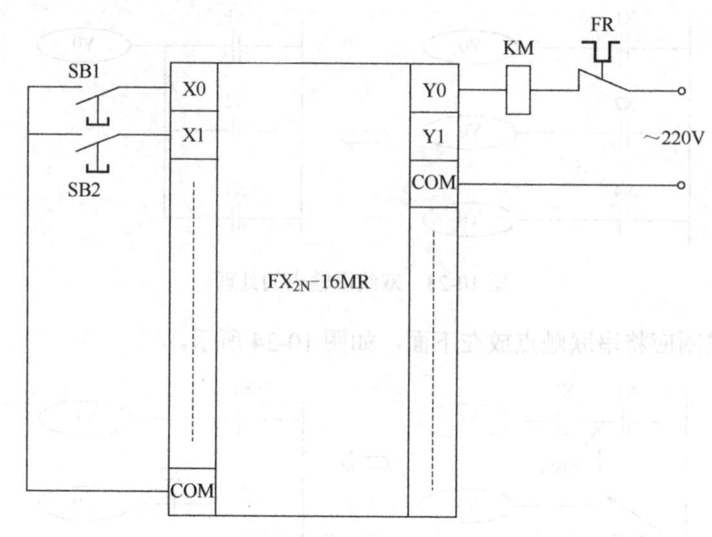

图 10-26　电动机直接启动的 I/O 接线示意图

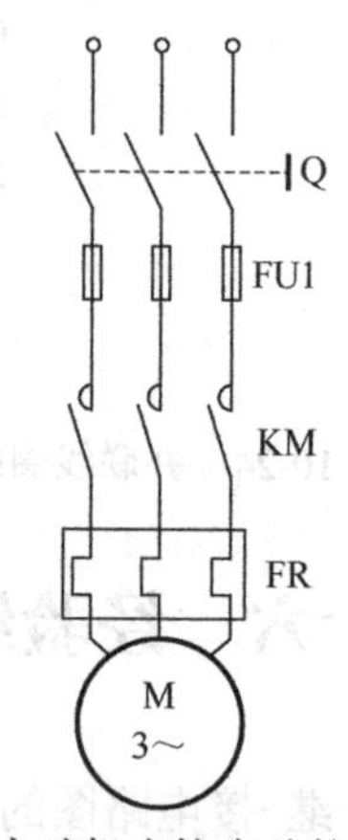

图 10-27　电动机直接启动的主电路

工作流程：按下 SB1（如图 10-26 所示）→X0“线圈”“通电”→X0 的常开触点闭合（如图 10-25 所示）→Y0“线圈”“通电”→{KM 线圈通电（如图 10-26 所示）→电动机启动（如图 10-26 所示）；Y0 常开触点闭合，实现保持，电动机连续运行（如图 10-27 所示）}→按下 SB2（如图 10-26 所示）→X1“线圈”“通电”→X1 的常闭触点断开（如图 10-26 所示）→Y0“线圈”“断电”→ KM 线圈断电（如图 10-26 所示）→电动机停止（如图 10-27 所示）。

二、基本电路编程

1. 具有自锁功能的程序

利用自身的常开触点使线圈持续保持通电（即“ON”状态）的功能称为自锁。如图 10-28 所示的启动、保持和停止程序（简称起保停程序），就是典型的具有自锁功能的梯形图，X1 为启动信号，X2 为停止信号。

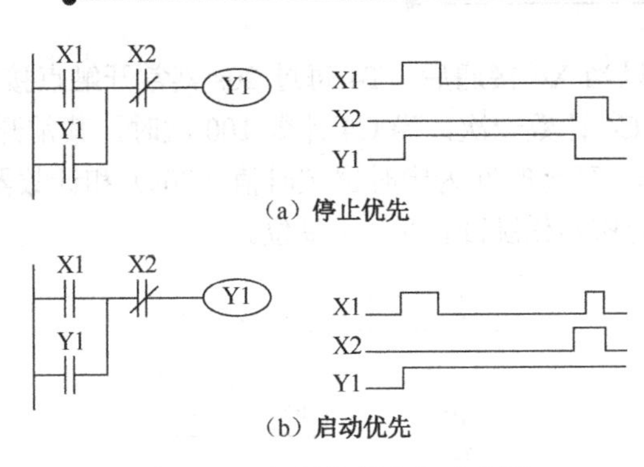

（a）停止优先

（b）启动优先

图 10-28　起保停程序与时序图

图 10-28（a）为停止优先程序，即当 X1 和 X2 同时接通时，Y1 断开。图 10-28（b）为启动优先程序，即当 X1 和 X2 同时接通时，Y1 接通。起保停程序也可以用置位（SET）和复位（RST）指令来实现。在实际应用中，启动信号和停止信号可能由多个触点组成的串、并联电路提供。

时序图是程序中输入、输出变化关系的一种表达方式，它直观、明了地反映了程序中输入、输出的变化关系，是编程的有力助手。

2. 多个定时器组合的延时程序

一般 PLC 的一个定时器的延时时间都较短，如 FX 系列 PLC 中一个 0.1s 定时器的定时范围为 0.1～3276.7s，如果需要延时时间更长的定时器，可采用多个定时器串级使用来实现长时间延时。定时器串级使用时，其总的定时时间为各定时器定时时间之和。

如图 10-29 所示为定时时间为 1h 的梯形图及时序图，辅助继电器 M1 用于定时启停控制，采用两个 0.1s 定时器 T14 和 T15 串级使用。当 T14 开始定时后，经 1800s 延时，T14 的常开触点闭合，使 T15 再开始定时，又经 1800s 的延时，T15 的常开触点闭合，Y4 线圈接通。从 X14 接通，到 Y4 输出，其延时时间为 1800s+1800s=3600s=1h。

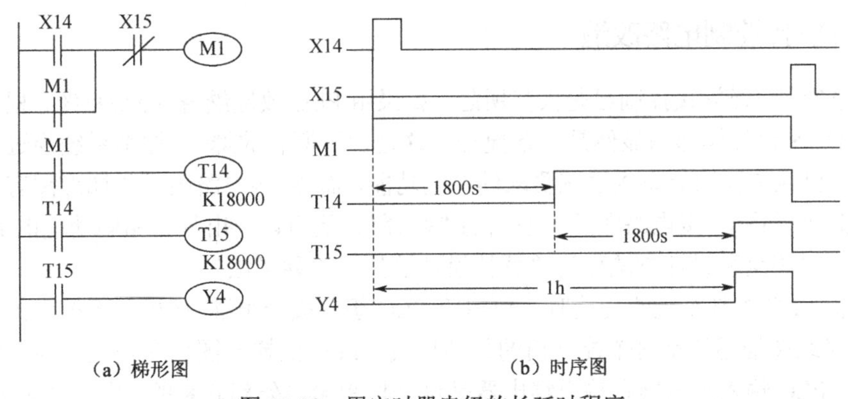

（a）梯形图　　（b）时序图

图 10-29　用定时器串级的长延时程序

3. 定时器与计数器组合的延时程序

利用定时器与计数器级联组合可以扩大延时时间，如图 10-30 所示。图中 T4 形成一个 20s 的自复位定时器，当 X4 接通后，T4 线圈接通并开始延时，20s 后 T4 常闭触点断开，T4 定时器的线圈断开并复位，待下一次扫描时，T4 常闭触点才闭合，T4 定时器线圈又重新接通并开始延时。所以当 X4 接通后，T4 每过 20s 其常开触点接通一次，为计数器输入一个脉冲信号，计数器 C4 计数一次，当 C4 计数 100 次时，其常开触点接通 Y3 线圈。可见从 X4 接通到 Y3 动作，延时时间为定时器定时值（20s）和计数器设定值（100）的乘积（2000s）。图中 M8002 为初始化脉冲，使 C4 复位。

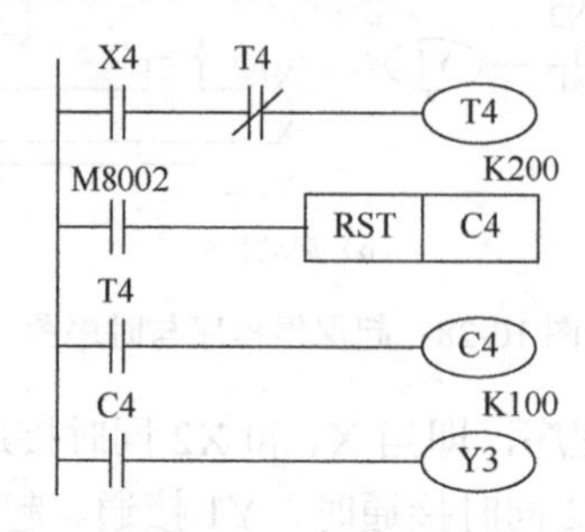

图 10-30　定时器与计数器组合的延时程序

4．闪烁电路程序

闪烁电路是周期性控制输出有或无的电路，如图 10-31 所示。当 X0 接通，T0 定时 2s，由于 T0 的定时时间未到，T0 常开触点未闭合，Y0 无输出；当 T0 定时时间到，T0 常开触点闭合，Y0 输出，同时 T1 定时 3s；当 T1 定时时间到，T1 常闭触点断开，T0 断电，常开触点复位，让 T1、Y0 也断电，T1 常闭触点复位，程序进入同上的相同控制，实现闪烁控制。

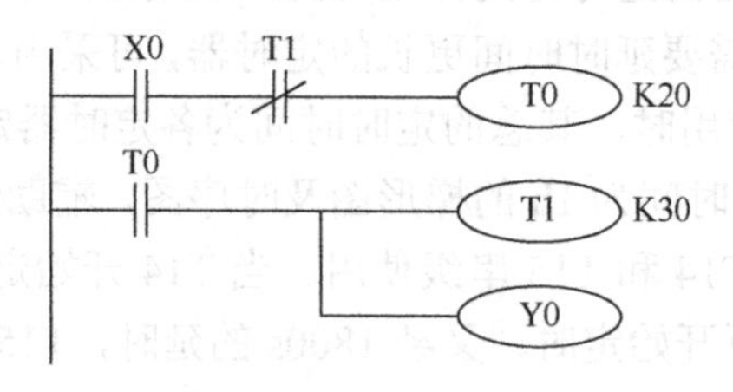

图 10-31　闪烁电路

三、继-接控制电路改造

PLC 控制取代继-接控制已是大势所趋，如果用 PLC 改造继-接控制系统，根据原有的继-接电路图来设计梯形图显然是一条捷径。这是由于原有的继-接控制系统经过长期的使用和考验，已经被证明能完成系统要求的控制功能，而继-接电路图又与梯形图有很多相似之处，因此可以将继-接电路图经过适当的“翻译”，从而设计出具有相同功能的 PLC 梯形图程序，所以将这种设计方法称为“移植设计法”或“翻译法”。

在分析 PLC 控制系统的功能时，可以将 PLC 想象成一个继-接控制系统中的控制箱。PLC 外部接线图描述的是这个控制箱的外部接线，PLC 的梯形图程序是这个控制箱内部的“线路图”，PLC 输入继电器和输出继电器是这个控制箱与外部联系的“中间继电器”，这样就可以用分析继-接电路图的方法来分析 PLC 控制系统。

我们可以将输入继电器的触点想象成对应的外部输入设备的触点，将输出继电器的线圈想象成对应的外部输出设备的线圈。外部输出设备的线圈除了受 PLC 的控制外，可能还会受外部触点的控制。用上述的思想就可以将继电器电路图转换为功能相同的 PLC 外部接线图和梯形图。

1. 移植设计法的编程步骤

（1）分析原有系统的工作原理。

了解被控设备的工艺过程和机械的动作情况，根据继-接电路图分析和掌握控制系统的工作原理。

（2）PLC 的 I/O 分配。

确定系统的输入设备和输出设备，进行 PLC 的 I/O 分配，画出 PLC 外部接线图。

（3）建立其他元器件的对应关系。

确定继-接电路图中的中间继电器、时间继电器等各器件与 PLC 中的辅助继电器和定时器的对应关系。

以上（2）和（3）两步建立了继-接电路图中所有的元器件与 PLC 内部编程元件的对应关系，对于移植设计法而言，这非常重要。在这过程中应该处理好以下几个问题。

① 继-接电路中的执行元件应与 PLC 的输出继电器对应，如交直流接触器、电磁阀、电磁铁、指示灯等；

② 继-接电路中的主令电器应与 PLC 的输入继电器对应，如按钮、位置开关、选择开关等。热继电器的触点可作为 PLC 的输入，也可接在 PLC 外部电路中，主要是看 PLC 的输入点是否富裕。注意处理好 PLC 内、外触点的常开和常闭的关系；

③ 继-接电路中的中间继电器与 PLC 的辅助继电器对应；

④ 继-接电路中的时间继电器与 PLC 的定时器或计数器对应，但要注意：时间继电器有通电延时型和断电延时型两种，而定时器只有“通电延时型”一种。

（4）设计梯形图程序。

根据上述的对应关系，将继-接电路图“翻译”成对应的“准梯形图”，再根据梯形图的编程规则将“准梯形图”转换成结构合理的梯形图。对于复杂的控制电路可划整为零，先进行局部的转换，最后再综合起来。

（5）仔细校对、认真调试。

对转换后的梯形图一定要仔细校对、认真调试，以保证其控制功能与原图相符。

2. 案例

（1）继-接控制电路分析。

如图 10-32 所示为三相交流异步电动机可逆旋转控制系统的电路图，包括主电路、控制电路。接触器 KM1 和 KM2 控制电动机的可逆旋转，SB1、SB2、SB3 分别为停止、正转启动、反转启动控制按钮，FR 实现电动机过载保护，FU1、FU2 分别实现主电路、控制电路短路保护。

（2）画 PLC 外部接线图。

改造后的 PLC 控制系统的外部接线图中，主电路不变，控制电路的功能由 PLC 实现，PLC 的 I/O 接线图如图 10-33 所示。

（3）设计梯形图。

根据 PLC 的 I/O 对应关系，可设计出 PLC 的梯形图如图 10-34 所示。

PLC 控制装置的互锁有软件互锁和硬件互锁两类。软件互锁分为输入互锁和输出互锁两种，输入互锁还能实现直接反转。硬件互锁接在 PLC 对应的输出端，当软件互锁失效时，会造成严重后果，因此应增加硬件互锁。

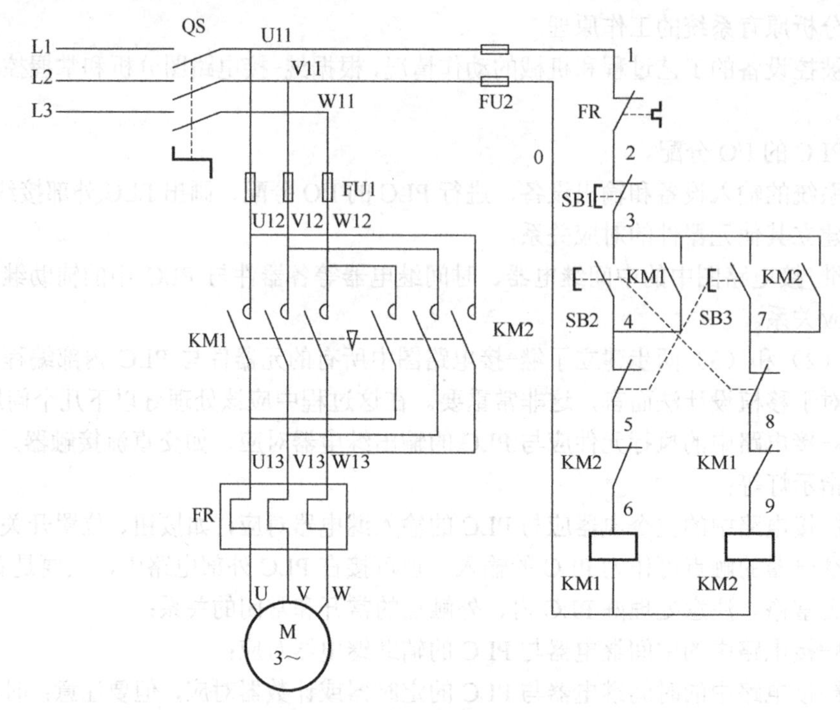

图 10-32　三相交流异步电动机的可逆旋转控制电路

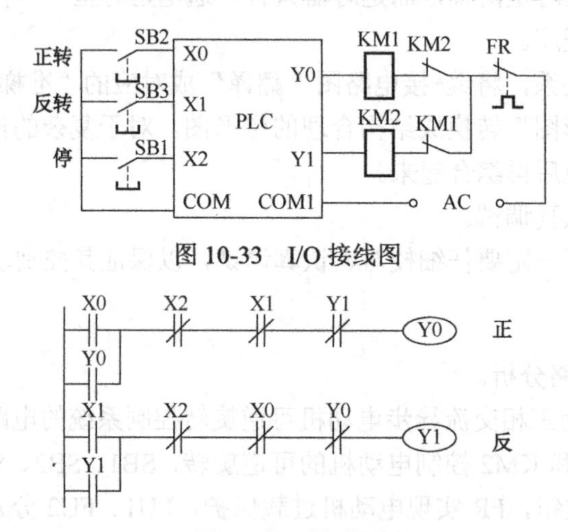

图 10-33　I/O 接线图

X0　X2　X1　Y1　(Y0)　正

Y0

X1　X2　X0　Y0　(Y1)　反

Y1

图 10-34　梯形图

想一想

三菱 PLC 编程软件简介

三菱 PLC 软件很多，应用非常广泛，其中很多软件很少使用，比如 AD/DA/SC 等，不过这些都只能用于 Q 系列，下面对三菱 PLC 不同系列软件进行介绍。

（1）三菱 PLC 编程软件 FXGP-WIN-C。

三菱 FX 系列 PLC 程序设计软件（不含 FX_{3U}），支持梯形图、指令表、SFC 语言程序

设计，可进行程序的线上更改、监控及调试，具有异地读写 PLC 程序功能。

（2）三菱 PLC 编程软件 GX Developer。

三菱全系列 PLC 程序设计软件，支持梯形图、指令表、SFC、ST 及 FB、Label 语言程序设计及网络参数设定，可进行程序的线上更改、监控及调试，可进行结构化程序的编写，可制作成标准化程序，在其他同类系统中使用。

（3）三菱 PLC 编程仿真软件 GX Simulator。

三菱 PLC 的仿真调试软件，支持三菱所有型号 PLC（FX、AnU、QnA 和 Q 系列），可以模拟外部 I/O 信号，设定软件状态与数值。

（4）三菱 PLC 编程软件 GX Explorer。

三菱全系列 PLC 维护工具,提供 PLC 维护必要的功能。类似 Windows 操作，通过拖动进行程序的上传/下载，可以同时打开几个窗口监控多 CPU 系统的资料，配合 GX RemoteService-I 使用网际网络维护功能。

（5）三菱 PLC 编程软件 GX RemoteService-I。

三菱全系列 PLC 远程访问工具，安装在服务器上，通过网际网络/局域网连接 PLC 和客户。将 PLC 的状态发 E-mail 给手机或计算机，可以通过网际网络流览器对软组件进行监控/测试。在客户机上，可使用 GX Explorer 软件通过网际网络/局域网进入 PLC。

（6）三菱 PLC 编程软件 GX Configurator-CC。

A 系列专用，CC-Ltnk 单元的设定，监控工具。用于 A 系列 CC-Link 主站模块的 CC-Link 网络参数设定，无须再编制顺控程序来设定参数，在软件图形输入屏幕中简单设定。可以监控、测试和诊断 CC-Link 站的状态（主站/其他站），可以设置 AJ65BT-R2 的缓存寄存器。

（7）三菱 PLC 编程软件 GX Configurator-AD。

Q 系列专用，A/D 转换单元的设定，监控工具。用于设置 Q64AD、Q68ADV 和 Q68ADI 模/数转换模块的初始化数据和自动刷新资料，不用编制顺控程序即可实现 A/D 模块的初始化功能。

（8）三菱 PLC 编程软件 GX Configurator-DA。

Q 系列专用，D/A 转换单元的设定，监控工具。用于设置 Q62DA、Q64DA、Q68DAV 和 Q68DAI 数/模转换模块的初始化及自动刷新数据，不用编制顺控程序即可实现 D/A 模块的初始化功能。

（9）三菱 PLC 编程软件 GX ConfigMB。

Q 系列专用，MODBU 决议串行通信单元的设定，监控工具。用于设置串行通信模块 QJ71MB91。

（10）三菱 PLC 编程软件 GX Configurator-SC。

Q 系列专用，串行通信单元的设定，监控工具。用于设置串行通信模块 QJ71C24（N）、QJ71C24（N）-R2（R4）的条件资料，不用顺控程序即可实现。

（11）三菱 PLC 编程软件 GX Configurator-CT:

Q 系列专用，高速计数器单元的设定，监控工具。用于设置 QD62、QD62E 或 QD62D 高速计数模块的初始化数据和自动刷新资料，不用编制顺控程序即可实现初始化功能。

（12）三菱 PLC 编程软件 GX Configurator-PT。

Q 系列专用，QD70 单元的设定，监控工具。用来设定 QD70P4 或 QD70P8 定位模块的初始化数据。省去了用于初始化资料设定的顺控程序，便于检查设置状态和运行状态。

（13）三菱 PLC 编程软件 GX Configurator-QP。

Q 系列专用，QD75P/DM 用的定位单元的设定，监控工具。可以对 QD75 系列进行各种参数、定位资料的设置，监视控制状态并执行运行测试。进行（离线）预设定位资料基础上的模拟和对调试和维护有用的监视功能，即以时序图形式表示定位模块 I/O 信号、外部 I/O 信号和缓冲存储器状态的采样监视。

（14）三菱 PLC 编程软件 GX Configurator-TI。

Q 系列专用，温度输入器单元的设定，监控工具。用于设置 Q64TD 或 Q64RD 温度输入模块的初始化数据和自动刷新资料，不用编制顺控程序即可实现初始化功能。

练一练

（1）编制三相交流异步电动机 Y-△降压启动的控制程序（自动转换）。

（2）某知识竞赛，儿童两人参赛且其中任一人按下按钮可抢答；学生一人组队；教授两人参加比赛且两人同时按下按钮才能抢答。主持人宣布开始后，方可按下抢答按钮。主持人台设复位按钮，抢答及违例由各分台灯指示。有人抢得时有幸运彩球转动，违例时有警报声。试设计该抢答器的 PLC 程序。

（3）某锅炉的鼓风机和引风机的控制要求为：开机时，先启动引风机，10s 后开鼓风机，停机时，先关鼓风机，5s 后关引风机，试用 PLC 设计满足上述控制要求的程序。

（4）现有一双速电动机，试按下述要求设计 PLC 控制程序：

① 分别用两个按钮操作电动机的高速启动和低速启动，用一个总停按钮操作电动机的停止；

② 启动高速时，应先低速启动，经延时后再换接到高速。

技能训练九　经验编程法训练

一、训练目的

会运用经验编程法对控制线路基本环节进行编程。

二、训练器材

FX_{2N}（FX_{0N}、FX_{1N}、FX_{2C}）的 PLC、FX-20P 编程器、交流接触器（线圈 220V）、热继电器、按钮、BVR-0.75mm^2、电工通用工具。

三、训练步骤

（1）分析原有系统的控制和保护要求。

（2）PLC 的 I/O 分配。编制 I/O 地址分配表，绘制 I/O 接线示意图。

（3）建立其他元器件的对应关系，确定继-接电路图中的中间继电器、时间继电器等各器件与 PLC 中的辅助继电器和定时器的对应关系。

（4）设计梯形图程序。
（5）将梯形图转换为指令表。
（6）按照 I/O 接线示意图，进行 I/O 接线。
（7）PLC 通电并输入程序。
（8）仔细校对，认真调试。

四、注意事项

（1）I/O 地址分配表与程序中的 I/O 必须保护一致。

（2）热继电器的触点可作为 PLC 的输入，也可接在 PLC 的输出电路中，主要是看 PLC 的输入点是否富裕。注意处理好 PLC 内、外触点的常开和常闭的关系。

（3）时间继电器有通电延时型和断电延时型两种，而定时器只有“通电延时型”一种。

（4）梯形图应注意结构合理。

项目十　知识点、技能点、能力测试点

知识点	技能点	能力测试点
1. 输入继电器的功能和使用注意事项 2. 输出继电器的功能和使用注意事项 3. 辅助继电器的功能和使用注意事项 4. 定时器的功能和使用注意事项 5. 计数器的功能和使用注意事项		编程元件使用
1. 取指令和输出指令的功能和使用注意事项 2. 触点串联指令的功能和使用注意事项 3. 触点并联指令的功能和使用注意事项 4. 块操作指令的功能和使用注意事项 5. 置位与复位指令的功能和使用注意事项 6. 主控指令的功能和使用注意事项 7. 栈指令的功能和使用注意事项 8. 取反、空操作与结束指令的功能和使用注意事项	梯形图与指令表的相互转换、FX-20P 编程器使用	梯形图与指令表的相互转换、FX-20P 编程器使用
1. 编程的基本规则 2. 编程技巧	梯形图的简化	梯形图的简化
1. 基本电路分析与编程 2. 经验编程法的原理与步骤 3. 继接控制电路改造的步骤与注意事项	经验法编程	编程

项目十一

电动机直接启动 PLC 控制装置安装与维护

学习指南

提高 PLC 控制装置的可靠性和使用寿命，需要按要求进行安装和维护。本项目介绍 PLC 控制装置的安装要求、防干扰措施、减少 I/O 点数、维护要求和制定维护计划。学习中，应主动了解、熟记安装要求、维护要求、防干扰措施，并能熟练制定维护计划，通过案例掌握减少 I/O 点数的方法。

项目学习目标

任务	重点	难点	关键能力
PLC 控制装置安装要求	安装基本要求	减少 I/O 点数的方法	安装 PLC 控制装置
PLC 控制装置维护	维护要求	维护计划	制定 PLC 控制装置维护计划

任务三十七　PLC 控制装置安装要求

一、安装基本要求

1. 前期技术准备

（1）熟悉 PLC 的技术资料，深入理解其性能、功能及各种操作要求，制订操作规程。

（2）深入了解设计资料、系统工艺流程，特别是了解工艺对各生产设备的控制要求。

（3）熟悉各工艺设备的性能、设计与安装情况，特别是各设备的控制与动力接线图，并与实物相对照，及时发现错误进行纠正。

（4）在全面了解设计方案与 PLC 技术资料的基础上，列出 I/O 地址分配表。

（5）分析设计提供的程序，对逻辑复杂的部分输入、输出点绘制时序图，一些设计中的逻辑错误，在绘制时序图时即可发现。

（6）每个子系统编制调试方案，然后综合成为整个系统调试方案。

2. 硬件检查

检查应由甲乙双方共同进行，应确认设备及备品、备件、技术资料、附件等的型号、数量、规格，其性能是否完好待现场调试时验证。检查结果，双方应签署交换清单。

3. 安装环境

（1）环境温度在 0～50℃的范围内。

（2）相对湿度不超过 85%或者不存在露水凝聚（由温度突变或其他因素所引起的）。

（3）太阳光不直接照射。

（4）无腐蚀和易燃的气体，如氯化氢、硫化氢等。

（5）无大量铁屑及灰尘。

（6）无频繁或连续的振动。

4. PLC 的安装

（1）小型可编程控制器外壳的 4 个角上，均有安装孔。有两种安装方法，一是用螺钉固定，不同的单元有不同的安装尺寸；另一种是 DIN 轨道固定，DIN 轨道配套使用的安装夹板，左右各一对。在轨道上，先装好左右夹板，装上 PLC，然后拧紧螺钉。

（2）为了使控制系统工作可靠，通常把可编程控制器安装在有保护外壳的控制柜中，以防止灰尘、油污和水溅。

（3）为了保证可编程控制器在工作状态下其温度保持在规定环境温度范围内，安装机器应有足够的通风空间，基本单元和扩展单元之间要有 30mm 以上间隔。如果周围环境超过 55℃，要安装电风扇，强迫通风。

（4）为了避免其他外围设备的电干扰，可编程控制器应尽可能远离高压电源线和高压设备，可编程控制器与高压设备和电源线之间应留出至少 200mm 的距离。

（5）可编程控制器垂直安装时，防止导线头、铁屑等从通风窗掉入可编程控制器内部，造成印刷电路板短路，使其不能正常工作甚至永久损坏。

5. 电源接线

PLC 供电电源为 50Hz、220V±10%的交流电。FX 系列可编程控制器有直流 24V 输出接线端。该接线端可为输入传感（如光电开关或接近开关）提供直流 24V 电源。

对于电源线来的干扰，PLC 本身具有足够的抵制能力。如果电源干扰特别严重，可以安装一个变比为 1:1 的隔离变压器，以减少设备与地之间的干扰。

6. 接地

良好的接地是保证 PLC 可靠工作的重要条件，可以避免偶然发生的电压冲击危害。接地线与机器的接地端相接，基本单元需接地，如果要用扩展单元，其接地点应与基本单元的接地点接在一起。为了抑制加在电源及输入端、输出端的干扰，应给可编程控制器接上专用地线，接地点应与动力设备（如电机）的接地点分开。若达不到这种要求，也必须做到与其他设备公共接地，禁止与其他设备串联接地。接地点应尽可能靠近 PLC。

7. 直流 24V 接线端

使用无源触点的输入器件时，PLC 内部 24V 电源通过输入器件向输入端提供每点 7mA 的电流。PLC 上的 24V 接线端子，还可以向外部传感器（如接近开关或光电开关）提供电流。24V 端子作传感器电源时，COM 端子是直流 24V 地端。如果采用扩展单元，则应将基本单元和扩展单元的 24V 端连接起来。另外，任何外部电源不能接到这个端子。FX 系列 PLC 的空位端子，在任何情况下都不能使用。

8. 输入接线

输入接线，一般指输入器件与输入端口的接线，输入器件可以是任何无源的触点或集电极开路的 NPN 管。若在输入触点电路串联二极管，在串联二极管上的电压应小于 4V。若使用带发光二极管的舌簧开关，串联二极管的数目不能超过两只。另外，输入接线还应特别注意以下几点。

（1）输入接线一般不要超过 30m。但如果环境干扰较小，电压降不大时，输入接线可适当长些。

（2）输入、输出线不能用同一根电缆，输入、输出线要分开。

（3）可编程控制器所能接受的脉冲信号的宽度，应大于扫描周期的时间。

9. 输出接线

（1）在不同输出组中，可采用不同类型和电压等级的输出电压。但在同一组中的输出只能用同一类型、同一电压等级的电源。

（2）由于 PLC 的输出元件被封装在印制电路板上，并且连接至端子板，若将连接输出元件的负载短路，将烧毁印制电路板，因此，安装熔断器保护输出元件。

（3）采用继电器输出时，电感性负载大小影响继电器的工作寿命，因此使用电感性负载时应选择工作寿命较长的继电器。

（4）PLC 的输出负载可能产生噪声干扰，因此要采取措施加以控制。此外，对于危险负载，除了在控制程序中加以考虑之外，还应设计外部紧急停车电路，使得可编程控制器发生故障时，能将引起伤害的负载电源切断。交流输出线和直流输出线不允许用同一根电

缆，输出线应尽量远离高压线和动力线，避免并行。

二、防干扰措施

在 PLC 控制系统设计中必须考虑系统可靠性的设计，针对干扰产生的原因，必须从设计阶段就采取相应的抑制措施，提升系统的可靠性。常见的措施有提高装置和系统的抗干扰能力、抑制干扰源、切断或衰减电磁干扰的传播途径等。

（1）合理选择 PLC，提高自身抗干扰能力。

（2）合理选择电源，抑制电网干扰。

（3）电缆的选择和敷设。

（4）安装中的抗干扰措施。

① 滤波器、隔离稳压器应设在 PLC 控制柜的电源进线口处，不让干扰进入控制柜内，或尽量缩短进线距离；

② PLC 控制柜应尽可能远离高压柜、大动力设备和高频设备；

③ PLC 要尽可能远离继电器之类的电磁线圈和容易产生电弧的触点；

④ PLC 要远离发热的电气设备或其他热源，并放在通风良好的位置上。

（5）合理选择接地点，完善接地系统。

（6）外围设备干扰的抑制。

① PLC 输入/输出端子的保护；

② 输入/输出信号的防错；

③ 漏电流；

④ 浪涌电压；

⑤ 冲击电流。

（7）电磁干扰的抑制。

一般采用隔离和屏蔽的方法。

三、减少 I/O 点数的方法

PLC 在实际应用中常碰到这样两个问题：一是 PLC 的 I/O 点数不够，需要扩展，然而增加 I/O 点数将提高成本；二是已选定的 PLC 可扩展的 I/O 点数有限，无法再增加。因此，在满足系统控制要求的前提下，合理使用 I/O 点数，尽量减少所需的 I/O 点数是很有意义的。下面将介绍几种常用的减少 I/O 点数的措施。

1．减少输入点数的措施

（1）分组输入。

（2）矩阵输入。

（3）组合输入。

（4）输入设备多功能化。

（5）合并输入。

（6）某些输入设备可不进 PLC。

2．减少输出点数的措施

（1）矩阵输出。

（2）分组输出。

（3）并联输出。

（4）输出设备多功能化。

（5）某些输出设备可不进 PLC。

以上一些常用的减少 I/O 点数的措施，实际应用中应该根据具体情况，灵活使用。同时应该注意不要过分去减少 PLC 的 I/O 点数，而使外部附加电路变得复杂，从而影响系统的可靠性。

想一想

PLC 控制装置的安装与调试流程

PLC 控制系统的安装与调试涉及各项工作，并且只能按序进行，一环紧扣一环，稍有不慎都将导致调试失败，不但延误工期，甚至会损坏设备。合理安排系统安装与调试程序，是确保高效优质地完成安装与调试任务的关键。

1．前期技术准备

系统安装调试前的技术准备工作越充分，安装与调试就会越顺利。前期技术准备工作包括以下内容。

（1）熟悉 PLC 随机技术资料、原文资料，深入理解其性能、功能及各种操作要求，制订操作规程。

（2）深入了解设计资料、对系统工艺流程，特别是工艺对各生产设备的控制要求要有全面的了解，在此基础上，按子系统绘制工艺流程联锁图、系统功能图、系统运行逻辑框图，这将有助于对系统运行逻辑有深刻理解，是前期技术准备的重要环节。

（3）熟悉各工艺设备的性能、设计与安装情况，特别是各设备的控制与动力接线图，并与实物相对照，以及时发现错误并纠正。

（4）在全面了解设计方案与 PLC 技术资料的基础上，列出 PLC 输入输出地址分配表（包括内部线圈一览表、I/O 所在位置、对应设备及各 I/O 点功能）。

（5）研读设计提供的程序，对逻辑复杂的部分输入、输出点绘制时序图，一些设计中的逻辑错误，在绘制时序图时即可发现。

（6）分子系统编制调试方案，然后在集体讨论的基础上综合成为全系统调试方案。

2．PLC 商检

商检应有甲乙双方共同进行，应确认设备及备品、备件、技术资料、附件等的型号、数量、规格，其性能是否完好待实验室及现场调试时验证。商检结束，双方应签署交换清单。

3．实验室调试

（1）制作金属支架，将各工作站的输入、输出模块固定其上，按安装提要以同轴电缆将各站与主机、编程器、打印机等相连接，检查接线正确，供电电源等级与 PLC 电压选择

相符合后，按开机程序送电，装入系统配置带，确认系统配置，装入编程器装载带、编程带等，按操作规程将系统开通，此时即可进行各项操作试验。

（2）输入工作程序

（3）模拟 I/O 输入、输出，检查修改程序步骤的目的在于验证输入的工作程序的正确性，该程序的逻辑所表达的工艺设备的联锁关系是否与设计的工艺控制要求相符，程序是否畅通。若不相符或不能运行完成全过程，说明程序有误，应进行修改。在这一过程中，对程序的理解将逐步加深，为现场调试作好了准备，同时也可以发现程序不合理和不完善的部分，以便进一步优化。

调试方法有两种：

① 模拟方法。按设计做一块调试板，以钮子开关模拟输入节点，以小型继电器模拟生产工艺设备的继电器与接触器，其辅助接点模拟设备运行时的返回信号节点。其优点是具有模拟的真实性，可以反映出开关速度差异很大的现场机械触点和 PLC 内的电子触点相互连接时，是否会发生逻辑误动作。其缺点是需要增加调试费用和部分调试工作量。

② 强置方法。利用 PLC 强置功能，对程序中涉及现场的机械触点（开关），以强置的方法使其“通”、“断”，迫使程序运行。其优点是调试工作量小，简便，不需另外增加费用。缺点是逻辑验证不全面，人工强置模拟现场节点“通”、“断”，会造成程序运行不能连续，只能分段进行。

对部分重要的现场节点采取模拟方式，其余的采用强置方式，取二者之长互补。

逻辑验证阶段要强调逐日填写调试工作日志，内容包括调试人员、时间、调试内容、修改记录、故障及处理、交接验收签字，以建立调试工作责任制，留下调试的第一手资料。对于设计程序的修改部分，应在设计图上注明，及时征求设计者的意见，力求准确体现设计要求。

4．PLC 的现场安装与检查

实验室调试完成后，待条件成熟，将设备移至现场安装。安装时应符合要求，插件插入牢靠，并用螺栓紧固；通信电缆要统一型号，不能混用，必要时要用仪器检查线路信号衰减量，其衰减值不超过技术资料提出的指标；测量主机、I/O 柜、连接电缆等的对地绝缘电阻；测量系统专用接地的接地电阻；检查供电电源等，并做好记录，待确认所有各项均符合要求后，才可通电开机。

5．现场工艺设备接线、I/O 接点及信号的检查与调整

对现场各工艺设备的控制回路、主回路接线的正确性进行检查并确认，在手动方式下进行单体试车；对进入 PLC 系统的全部输入点（包括转换开关、按钮、继电器与接触器触点，限位开关、仪表的位式调试开关等）及其与 PLC 输入模块的连线进行检查并反复操作，确认其正确性；对接收 PLC 输出的全部继电器、接触器线圈及其他执行元件及它们与输出模块的连线进行检查，确认其正确性；测量并记录其回路电阻、对地绝缘电阻，必要时应按输出节点的电源电压等级，向输出回路供电，以确保输出回路未短路，否则，当输出点向输出回路送电时，会因短路而烧坏模块。

一般来说，大中型 PLC 如果装上模拟输入输出模块，还可以接收和输出模拟量。在这种情况下，要对向 PLC 输送模拟输入信号的一次检测或变送元件，以及接收 PLC 模拟输

出的调节或执行装置进行检查，确认其正确性。必要时，还应向检测与变送装置送入模拟输入量，以检验其安装的正确性及输出的模拟量是否正确并是否符合PLC所要求的标准；向接收PLC模拟输出信号调节或执行元件，送入与PLC模拟量相同的模拟信号，检查调节可执行装置能否正常工作。装上模拟输入与输出模块的PLC，可以对生产过程中的工艺参数（模拟量）进行监测，按设计方案预定的模型进行运算与调节，实行生产工艺流程的过程控制。

本步骤至关重要，检查与调整过程复杂且麻烦，必须认真对待。因为只要所有外部工艺设备完好，所有送入PLC的外部节点正确、可靠、稳定，所有线路连接无误，加上程序逻辑验证无误，则进入联动调试时，就能一举成功，收到事半功倍的效果。

6. 系统模拟联动空投试验

本步骤的试验目的是将经过实验室调试的PLC机及逻辑程序，放到实际工艺流程中，通过现场工艺设备的输入、输出节点及连接线路进行系统运行的逻辑验证。

试验时，将PLC控制的工艺设备（主要指电力拖动设备）主回路断开两相（仅保留作为继电控制电源的一相），使其在送电时不会转动。按设计要求对子系统的不同运转方式及其他控制功能，逐项进行系统模拟实验，先确认各转换开关、工作方式选择开关、其他预置开关的正确位置，然后通过PLC启动系统，按联锁顺序观察并记录PLC各输出节点所对应的继电器、接触器的吸合与断开情况，以及其顺序、时间间隔、信号指示等是否与设计的工艺流程逻辑控制要求相符，观察并记录其他装置的工作情况。对模拟联动空投实验中不能动作的执行机构，料位开关、限位开关、仪表的开关量与模拟量输入、输出节点，与其他子系统的联锁等，视具体情况采用手动辅助、外部输入、机内强置等手段加以模拟，以协助PLC指挥整个系统按设计的逻辑控制要求运行。

7. PLC控制的单体试车

本步骤试验的目的是确认PLC输出回路能否驱动继电器、接触器的正常接通，而使设备运转，并检查运转后的设备，其返回信号是否能正确送入PLC输入回路，限位开关能否正常动作。

其方法是，在PLC控制下，机内强置对应某一工艺设备（电动机、执行机构等）的输出节点，使其继电器、接触器动作，设备运转。这时应观察并记录设备运输情况，检查设备运转返回信号及限位开关、执行机构的动作是否正确无误。

试验时应特别注意，被强置的设备应悬挂运转危险指示牌，设专人值守。待机旁值守人员发出指令后，PLC操作人员才能强置设备启动。应当特别重视的是，在整个调试过程中，没有充分的准备，绝不允许采用强置方法启动设备，以确保安全。

8. PLC控制下的系统无负荷联动试运转

本步骤的试验目的是确认经过单体无负荷试运的工艺设备与经过系统模拟试运证明逻辑无误的PLC连接后，能否按工艺要求正确运行，信号系统是否正确，检验各外部节点的可靠性、稳定性。试验前，要编制系统无负荷联动试车方案，讨论确认后严格按方案执行。试验时，先分子系统联动，子系统的连锁用人工辅助(节点短接或强置)，然后进行全系统联动，试验内容应包括设计要求的各种起停和运转方式、事故状态与非常状态下的停车、

各种信号等。总之，应尽可能地充分设想，使之更符合现场实际情况。事故状态可用强置方法模拟，事故点的设置要根据工艺要求确定。

在联动负荷试车前，一定要再对全系统进行一次全面检查，并对操作人员进行培训，确保系统联动负荷试车一次成功。

9．信号衰减

（1）从 PLC 主机至 I/O 站的信号最大衰减值为 35dB。因此，电缆敷设前应仔细规划，画出电缆敷设图，尽量缩短电缆长度（长度每增加 1km，信号衰减 0.8dB）；尽量少用分支器（每个分支器信号衰减 14dB）和电缆接头（每个电缆接头信号衰减 1dB）。

（2）通信电缆最好采用单总线方式敷设，即由统一的通信干线通过分支器接 I/O 站，而不是呈星状放射状敷设。PLC 主机左右两边的 I/O 站数及传输距离应尽可能一致，这样能保证一个较好的网络阻抗匹配。

（3）分支器应尽可能靠近 I/O 站，以减少干扰。

（4）通信电缆末端应接 75Ω 电阻的 BNC 电缆终端器，与各 I/O 柜相连接，将电缆由 I/O 柜拆下时，带 75Ω 电阻的终端头应连在电缆网络的一头，以保持良好的匹配。

（5）通信电缆与高压电缆间距至少应保证 40cm/kV；必须与高压电缆交叉时，必须垂直交叉。

（6）通信电缆应避免与交流电源线平行敷设，以减少交流电源对通信的干扰。同理，通信电缆应尽量避开大电机、电焊机、大电感器等设备。

（7）通信电缆敷设要避开高温及易受化学腐蚀的地区。

（8）电缆敷设时要按 0.05%/℃留有余地，以满足热胀冷缩的要求。

（9）所有电缆接头、分支器等均应连接紧密，用螺钉紧固。

（10）剥削电缆外皮时，切忌损坏屏蔽层，切断金属铂与绝缘体时，一定要用剥线钳，切忌刻伤损坏中心导线。

10．系统接地

（1）主机及各分支站以上的部分，其接地应用 $10mm^2$ 的编织铜线汇接在一起经单独引下线接至独立的接地网，一定要与低压接地网分开，以避免干扰。系统接地电阻应小于 4Ω。PLC 主机及各屏、柜与基础底座间要垫 3mm 厚橡胶使之绝缘，螺栓也要经过绝缘处理。

（2）I/O 站设备本体的接地应用单独的引下线引至共用接地网。

（3）通信电缆屏蔽层应在 PLC 主机侧 I/O 处理模块处一起汇集接到系统的专用接地网，在 I/O 站一侧则不应接地。电缆接头的接地也应通过电缆屏蔽层接至专用接地网。要特别提醒的是决不允许电缆屏蔽层有两点接地形成闭合回路，否则易引起干扰。

（4）电源应采用隔离方式，即电源中性线浮地，当不平衡电流出现时将经电源中性线直接进入系统中性点，而不会经保护接地形成回路，造成对 PLC 运行和干扰。

（5）I/O 模块的接地接至电源中性线上。

11．调试中应注意的问题

（1）系统联机前要进行组态，即确定系统管理的 I/O 点数，输入寄存器数、保持寄存器数、通信端口数及其参数、I/O 站的匹配及其调度方法、用户占用的逻辑区大小，等等。

组态一经确认，系统便按照一定的约束规则运行。重新组态时，按原组态的约定生成的程序将不能在新的组态下运行，否则会引起系统错乱。因此，第一次组态时一定要慎重，I/O 站、I/O 点数，寄存器数、通道端口数、用户存储空间等均要留有余地，必须考虑到近期的发展。但是，I/O 站、I/O 点数、寄存器数、端口数等的设置，都要占用一定的内存，同时延长扫描时间，降低运行速度。因此，余量又不能留得太多。特别要引起注意的是运行中的系统一定不能重新组态。

（2）对于大中型 PLC 机来说，由于 CPU 对程序的扫描是分段进行的，每段程序分段扫描完毕，即更新一次 I/O 点的状态，因而大大提高了系统的实时性。但是，若程序分段不当，也可能引起实时性降低或运行速度减慢的问题。分段不同将显著影响程序运行的时间，特别是对于个别程序段特长的情况尤其如此。一般地说，理想的程序分段是各段程序有大致相当的长度。

PLC 控制系统的安装调试，是一个步调有序的系统工程，步步到位才能使调试成功，既缩短了工期，又使调试试车一次成功。

练一练

（1）制订三相交流异步电动机 Y-△降压启动的 PLC 控制装置维护计划。

（2）制订三相交流异步电动机正反转的 PLC 控制装置安装与调试流程。

（3）PLC 控制装置对安装环境有什么要求？

（4）简述 PLC 控制装置的检修工艺和技术要求。

技能训练十　PLC 控制装置安装训练

一、训练目的

会安装三相交流异步电动机可逆旋转控制电路的 PLC 控制装置。

二、训练器材

FX_{2N}（FX_{0N}、FX_{1N}、FX_{2C}）的 PLC、FX-20P 编程器、交流接触器（线圈 220V）、热继电器、按钮、BVR-0.75mm^2、BVR-1mm^2、BLV-2.5mm^2、线号管、线针、塑料扎带、冷压钳、电工通用工具。

三、训练步骤

（1）核查安装资料，包括主电路原理图和接线图、I/O 地址分配表、I/O 接线示意图、电气布置图、梯形图及指令表。

（2）检查安装环境，并根据元件明细表核查元件。

（3）根据电气布置图，安装元件。

（4）根据主电路接线图，安装主电路。

（5）根据 I/O 接线示意图，进行 I/O 接线。
（6）PLC 通电并输入程序。
（7）仔细校对，先空载调试，然后带负载调试。

四、注意事项

（1）安装时，最后接电源。
（2）按电工工艺要求，安装主电路和 I/O 接线。
（3）PLC 与感性元件保证足够的安全距离。
（4）尽量减少 I/O 点数。
（5）在相关位置进行可靠接地。

任务三十八　PLC 控制装置维护

一、维护要求

1．保养规程、设备定期测试、调整规定

（1）每半年或季度检查 PLC 柜中接线端子的连接情况，若发现松动的地方及时重新坚固连接。
（2）对柜中给主机供电的电源每月重新测量工作电压。

2．设备定期清扫的规定

（1）每六个月或季度对 PLC 进行清扫，切断给 PLC 供电的电源，把电源机架、CPU 主板及输入/输出板依次拆下，进行吹扫、清扫后再依次原位安装好，将全部连接恢复后送电并启动 PLC 主机。认真清扫 PLC 箱内卫生。
（2）每三个月更换电源机架下方的过滤网。

3．检修前准备、检修规程

（1）检修前准备好工具。
（2）为保障元件的功能不出故障及模板不损坏，必须用保护装置及认真作防静电准备工作。
（3）检修前与调度和操作工联系好，需挂检修牌处挂好检修牌。

4．设备拆装顺序及方法

（1）停机检修，必须两个人以上监护操作。
（2）把 CPU 前面板上的方式选择开关从“运行”转到“停”位置。
（3）关闭 PLC 供电的总电源，然后关闭其他给模板供电的电源。
（4）把与电源架相连的电源线记清线号及连接位置后拆下，然后拆下电源机架与机柜相连的螺丝，电源机架就可拆下。
（5）CPU 主板及 I/O 板可在旋转模板下方的螺丝后拆下。
（6）安装时以相反顺序进行。

5. 检修工艺及技术要求

（1）测量电压时，要用数字电压表或精度为 1%的万能表测量。

（2）电源机架、CPU 主板都只能在主电源切断时取下。

（3）在 RAM 模块从 CPU 取下或插入 CPU 之前，要断开 PLC 的电源，这样才能保证数据不混乱。

（4）在取下 RAM 模块之前，检查一下模块电池是否正常工作，如果电池故障灯亮时取下模块 RAM 内容将丢失。

（5）输入/输出板取下前也应先关掉总电源，但如果生产需要时 I/O 板也可在可编程控制器运行时取下，但 CPU 板上的 QVZ（超时）灯亮。

（6）拨插模板时，要格外小心，轻拿轻放，并运离产生静电的物品。

（7）更换元件不得带电操作。

（8）检修后模板安装一定要安插到位。

二、维护计划

PLC 的维护可分为：日常维护、预防性维护和故障维护。日常维护和预防维护是在系统未发生故障之前所进行的各种维护工作。故障维护发生在故障产生以后，往往已造成系统部分功能失灵并对生产造成不良影响；预防性维护是在系统正常运行时，对系统进行有计划的定期维护，及时掌握系统运行状态、消除系统故障隐患、保证系统长期稳定可靠地运行；因此日常维护、预防性维护能够有效地防止 PLC 突发故障的产生，避免不必要的经济损失。

1. 日常维护

日常维护是整套系统稳定可靠运行的基础，其主要的维护工作内容如下：

（1）保证空调设备稳定运行，室温控制在 20～25℃，避免由于温度等变化导致 PLC 系统卡件损坏，影响系统稳定运行。

（2）保证 UPS 可靠运行，确保 PLC 系统电源稳定，避免因突然停电导致硬盘、卡件的损坏。

（3）定期检查 PLC 系统保护接地、工作接地等接地电阻，各接地电阻应该小于各厂商 PLC 系统要求的最大接地电阻。

（4）消除电磁场对 PLC 系统的干扰，禁止搬动运行中的操作站、显示器等，避免拉动或碰伤设备连接电缆和通讯电缆。

（5）做好防尘工作，现场与控制室合理隔离，并定时清扫，保持清洁，防止粉尘对元件运行及散热产生不良影响。做好控制室、操作室内防鼠工作，避免老鼠咬坏电缆、模块等设备。

（6）做好 PLC 系统通风散热，检查控制柜内、操作员站等散热风扇是否运行正常，并定期加油润滑。

（7）软件的备份管理，应用软件（数据库）应及时备份，组态的改动要做好记录；数据库的修改必须要保存到工程师站，还应保存到其他备份硬盘或光盘上。

（8）软件检查与功能试验，应按照计算机设备的通用方法检查，主要检查各级权限的

设置；严禁使用非 PLC 软件，严禁未授权人员进行组态。

（9）查看故障诊断画面，是否有故障提示；通过运行灯、故障指示灯检查主控卡及各模块是否运行正常。

（10）检查控制主机、显示器、鼠标、键盘等硬件是否完好，实时监控工作是否正常。

（11）系统上电之前，应检查通信接头不能与机柜等导电体相碰，互为冗余的通信线、通信接头不能碰在一起，以免烧坏通信网卡。

2. 预防性维护

有计划地进行主动性维护，保证系统及元件运行稳定可靠，运行环境良好及时检测更换元器件，消除隐患。每年应利用系统短停或大修进行一次预防性的维护，以掌握系统运行状态，消除故障隐患。大修期间对 PLC 系统应进行彻底的维护。内容包括：

（1）接地系统检查，包括端子检查、对地电阻测试。

（2）操作站、控制站停电检修。包括控制站机笼、计算机内部、卡件、电源箱等部件的灰尘清理。

（3）系统供电线路检修，并对 UPS 进行供电能力测试和实施放电操作。

（4）系统冗余测试：对卡件模块、控制器、冗余电源、服务器、通讯网络进行冗余测试。

（5）检查主机卡 COMS 电池的电量。当出现因 COMS 电池没电引起 COMS 数据丢失的情况时，应整批更换主机板的 COMS 电池。

（6）检查控制器、计算机等的工作负荷是否有升高现象。

（7）检查测试 PLC 系统网络通讯质量，通讯噪音是否升大。大修后系统维护负责人应确认条件具备方可投用 PLC，并严格遵守 PLC 投用运行步骤进行。

3. 故障性维护

系统在发生故障后应进行被动性维护，主要包括以下工作。

（1）PLC 系统往往具有丰富的自诊断功能。根据报警，可以直接找到故障点，并且还可通过报警的消除来验证维修结果。

（2）有一组数据显示同时失灵，一般为模块故障，检查模块故障灯是否闪烁，复位重置模块，若还能恢复正常，有可能是模块组态信息丢失，重新下载数据，故障还不能排除，那就是模块本身故障，更换模块方能解决问题。

（3）当某一生产状态异常或报警时，我们可以先找到反映此状态的仪表，然后顺着信号向上传递的方向，用仪器逐一检查信号的正误，直到查出故障所在。

（4）当出现较大规模的硬件故障时，最大的可能是由于 PLC 系统环境维护不力而造成的系统运行故障，除当时采取紧急备件更换和系统清扫工作外，还要及时和厂家取得联系，由厂家专业技术支持工程师进一步确认和排除故障。

对于 PLC 系统的维护工作，关键是要做到预防第一，作为系统维护人员应根据系统配置和生产设备控制情况，制定科学、合理、可行的维护策略和方式方法，做到预防性维护、日常维护紧密配合，进行系统的、有计划的、定期的维护，保证系统在要求的环境下长期良好地运行，使生产过程控制平稳、运行稳定，为实现生产和效益的目标，提供可靠保证。

技能训练十一　PLC控制装置维护训练

一、训练目的

（1）会根据维护计划，实施日常维护和预防性维护。

（2）了解故障维护和处理故障的方法。

二、训练器材

PLC控制装置、万用表、接地电阻测量仪、除尘工具、电工通用工具。

三、训练步骤

1. 日常维护

（1）检查PLC电源，确保PLC系统电源稳定。

（2）检查PLC系统的接地电阻，应小于各厂商PLC系统要求的最大接地电阻。

（3）消除电磁场对PLC系统的干扰。

（4）检查防尘措施，并进行清扫，保持清洁。检查是否有老鼠咬坏的电缆、模块等设备。

（5）检查PLC系统通风散热装置是否运行正常，并定期加油润滑。

（6）软件是否备份。

（7）检查各级权限的设置，是否使用非PLC软件，是否有未授权人员进行组态。

（8）查看故障诊断画面，是否有故障提示；通过运行灯、故障指示灯检查主控卡及各模块是否运行正常。

（9）检查控制主机、显示器、鼠标、键盘等硬件是否完好，实时监控工作是否正常。

（10）系统上电之前，应检查通信接头不能与机柜等导电体相碰，互为冗余的通信线、通信接头不能碰在一起，以免烧坏通信网卡。

2. 预防性维护

（1）接地系统检查，包括端子检查、对地电阻测试。

（2）操作站、控制站停电检修。包括控制站机笼、计算机内部、卡件、电源箱等部件的灰尘清理。

（3）系统供电线路检修，并对UPS进行供电能力测试和实施放电操作。

（4）系统冗余测试：对卡件模块、控制器、冗余电源、服务器、通讯网络进行冗余测试。

（5）检查主机卡COMS电池的电量，并及时更换电池。

（6）检查控制器、计算机等的工作负荷是否有升高现象。

（7）检查测试PLC系统网络通讯质量，通讯噪音是否升大。大修后系统维护负责人应确认条件具备方可投用PLC，并严格遵守PLC投用运行步骤进行。

四、注意事项

（1）易损器件在维护中，应小心、仔细。

（2）一次性器件禁止进行拆封。

（3）维护过程中严格遵守操作规程。

项目十一　知识点、技能点、能力测试点

知识点	技能点	能力测试点
1. 安装基本要求 2. 安装与调试流程 3. 防干扰措施 4. 减少 I/O 点方法	1. 安装 PLC 控制装置 2. 调试 PLC 控制装置	安装与调试 PLC 控制装置
1. 维护要求 2. 维护计划内容	制定 PLC 控制装置维护计划	制定 PLC 控制装置维护计划

参 考 文 献

[1] 赵明光，刘明芹．电气控制技术基础．北京：机械工业出版社，2014．

[2] 李国瑞．电气控制技术项目教程．北京：机械工业出版社，2012．

[3] 仲崇生．电气控制与 PLC．上海：上海科学技术出版社，2011．

[4] 戴天柱，林全．电机与电气控制技术．重庆：西南师范大学出版社，2010．

[5] 孙平．电气控制与 PLC．北京：高等教育出版社，2009．

[6] 何军．电工电子技术实用教程（第二版）．北京：电子工业出版社，2014．

[7] 何军．电气控制与 PLC．成都：西南交通大学出版社，2014．

[8] 李崇华．电气控制技术．重庆：重庆大学出版社，2011．

[9] 廖常初．可编程序控制器应用技术．重庆：重庆大学出版社，2011．